高职高专国家示范性院校课改规划教材·交通类

监控设备操作实务

主　编　赵　竹　肖　帅

副主编　陈　瑜　刘玉梅

参　编　谭任绩　曾瑶辉　田　杰　刘虹秀　王任映　胡　琰

　　　　陈　媛　王倩倩　李璐明　刘松平　肖冬平　黄　琳

　　　　周　密　熊　巍　欧阳拉丁　周征世　黄治超

　　　　詹志扬　王　悠　陈　岚（排名不分先后）

主　审　李冬陵

U0378959

西安电子科技大学出版社

内 容 简 介

　　本书紧贴交通部职业资格认证中的"公路监控设备操作工"相关内容，结合监控岗位和维护岗位的职业技能要求，采用学习情境项目式教学模式编写而成。本书的主要内容包括知识能力概述、监控设备的安装、监控设备的配置、监控设备的操作、信息发布设备的操作、设备故障维护与保养、阅读资料等。

　　本书可作为高职院校交通安全与智能控制专业及其相近专业的教材，亦可供高速公路运营管理人员及相关技术人员参考使用。

图书在版编目(CIP)数据

监控设备操作实务/赵竹，肖帅主编. —西安：西安电子科技大学出版社，
2014.7(2022.1 重印)
ISBN 978 - 7 - 5606 - 3377 - 0

Ⅰ.①监…　　Ⅱ.①赵…　②肖…　Ⅲ.①监控设备—操作—高等职业教育—教材
Ⅳ.①TN876.3

中国版本图书馆 CIP 数据核字(2014)第 132468 号

策　　划　李惠萍　胡华霖
责任编辑　买永莲
出版发行　西安电子科技大学出版社（西安市太白南路 2 号）
电　　话　(029)88242885　88201467　邮　　编　710071
网　　址　www.xduph.com　　　　　电子邮箱　xdupfxb001@163.com
经　　销　新华书店
印刷单位　广东虎彩云印刷有限公司
版　　次　2014 年 7 月第 1 版　2022 年 1 月第 4 次印刷
开　　本　787 毫米×1092 毫米　1/16　印张　11.5
字　　数　271 千字
定　　价　25.00 元
ISBN 978 - 7 - 5606 - 3377 - 0/TN
XDUP 3669001-4

＊＊＊ 如有印装问题可调换 ＊＊＊

前　言

公路运营管理是公路运输安全、舒适、快捷的保障。为了充分发挥公路运营管理的优势，必须完善与其相配套的机电系统的管理。其中，公路机电系统中监控系统的智能化是公路运营安全、快捷、高效的重要保障。随着计算机技术、电子技术的发展，我国公路的运营管理正朝着专业化的方向发展，对监控系统的运行和维护有了更高的要求。监控系统用于对高速公路网实现实时监控和交通控制，是实现公路系统安全、高效、节能及环保运行的重要手段。在现有的道路和环境条件下，通过对采集的信息进行实时分析、处理和预测，可采取有效的交通控制手段，预防可能发生的交通事件、事故和阻塞；当出现突发性交通事故或道路环境变化而导致交通阻塞时，通过监控系统可及时发现并采取有效措施进行缓解和排除，以防止对路网交通产生更大的影响，进而提高路网的运行效率和安全性。为此，我们组织一批有实践经验的、长期从事机电系统维护工作的一线工程技术人员编写了本教材。

本书由湖南交通职业技术学院的赵竹、肖帅、陈瑜、刘玉梅、田杰、刘虹秀、王任映、陈媛、王倩倩、李璐明、刘松平、黄琳、周密、肖冬平、谭任绩、曾瑶辉、胡琰、詹志扬、王悠、陈岚等多名教师与湖南湘筑交通科技有限公司的四位机电系统项目工程师熊巍、欧阳拉丁、周征世、黄治超共同编写。赵竹、肖帅任主编，负责全书的统稿工作。

本书由湖南省高速公路管理局监控中心的高级工程师李冬陵主审，他对本书提出了许多宝贵的意见，谭任绩教授、曾瑶辉教授以及湖南湘筑交通科技有限公司的相关技术工程师对本书的编写给予了大力的支持，在此对他们深表谢意。

由于编者水平有限，加之高新技术的不断发展、教学内容的不断更新，书中难免有不妥之处，恳请读者予以指正或提出修改意见。

编　者

2014 年 3 月

目　录

学习情境一 知识能力概述

项目一 监控系统的目的与功能

一、监控系统的目的

监控系统在生产和生活起着越来越大的作用，银行、超市、商场、小区、网吧、公共交通等公共区域对监控的需要不言而喻。监控的作用主要有以下三个方面：

- 事前预警。现在的监控都有侦测报警功能，对可疑人物或事件能够防患于未然。
- 实时显示。不管什么时候都可以实时关注，绝不会得到落后的消息。
- 事后追踪。录像回放功能可以追查错过的事件，录像文件也是现在办案的重要资料。

监控系统可以有效地监督生产现场的工作环境和生产秩序，减少不文明行为，做好防盗工作。其典型应用是在公路交通中的运用，具有代表性。因此，本书将主要介绍监控系统在公路交通中的运用。

公路监控系统由信息采集、数据传输、中心控制和信息发布等部分组成，是在中心控制子系统的统一管理下，通过公路沿线的车辆检测器、气象检测器、能见度仪、摄像机等信息采集设备，准确统计道路交通数据，有效检测道路的交通、气象状况，及时掌握道路运营状况，将交通量分布、气象参数、车辆运行情况等信息及时采集到监控中心，经计算机处理形成交通控制方案，再通过可变情报板、可变限速标志发布诱导信息，从而合理地引导、限制和组织交通流，使高速公路的交通流始终保持在最佳的运行状态，同时，及时发现和处理交通事故并减少事故的发生率，提高道路通行能力。监控中心和外场设备经通信系统进行信号传输。监控中心设有大屏幕投影和地图板，可动态显示每一区段交通运行状态、设备工作状态和报警位置；计算机系统可对交通数据进行处理、记录并生成各种图表。

简而言之，公路监控系统的目的在于保证行车安全和道路畅通。

二、监控系统的功能

监控系统具备最基本的三个功能：

(1) 采集交通流数据，包括道路交通量、车道占有率、车速等路况状态信息以及风力、风向、气温、路面温度、路面湿度、结冰度等环境状态信息，用以判断交通状态。

(2) 根据交通状态，探测和确认交通事件，实施控制策略，决定控制参数。

(3) 执行控制策略，迅速做出有针对性的专家分析处理和优化控制方案，将控制参数作用于交通流，为用户提供交通信息服务，以达到交通流动态平衡。

项目二　监控系统的子系统功能

公路监控系统是对实时采集的路网交通信息进行处理，根据各路段的交通运行状况分析计算，对路网未来时刻交通情况进行预测，进而通过诱导控制车流，合理地调控车流分布。高速公路道路监控系统主要是通过对高速公路全线的交通流量检测、交通状况监测、环境气象检测、运行状况的监视，按照一系列智能控制规则和策略产生控制方案，从而实现控制交通流量、改善交通环境、减少事故，使高速公路达到较高的服务水平。目前公路监控系统在我国的发展存在滞后性，远远不能满足需要。各地建立的交通监控中心大多都只是实现了监视功能，而远没有起到控制的作用，其主要原因是在高速公路建设初期，我国高速公路的交通流量一般远没有达到设计标准，因此对高速公路的监控特别是"控制"不够重视，导致现今部分高速公路已经开始出现自然拥挤现象，造成"高速不高"的现象。近几年来，一些发达国家纷纷致力于智能交通系统(ITS)的研究与开发工作。ITS 的应用，将会有效地提高营运效率，保证交通安全。

近年来，随着电子技术、计算机技术、自动化控制技术、视频分析技术和光纤通信技术的发展，一些国家的公路监控系统的技术结构也随之发生变化。监控系统由单一的计算机集中处理方式发展为多计算机、功能分散的计算机网络处理方式，从而使系统可靠性得以提高，程序编制简单，易于维护和功能扩展。由于光缆超小型计算机及微电子技术的发展，应用于监控系统中的各种设备向智能化方向发展，从而使今后公路的监控系统具有更强的功能。

根据功能要求和设备特点，监控系统可分为如下几个功能子系统。

1．交通信息采集与显示子系统

该子系统的功能是获取交通信息的原始数据，通过车辆检测器、检测线圈、通信设备等形成的交通量采集子系统，获得各段道路的交通量数据；通过在重要地段的摄像机和视频传输设备获取该地段的视频实时数据，通过电视墙再现，并根据需要可对视频数据进行抓拍记录；通过设在路边的紧急电话获取紧急救援信号；通过气象采集系统采集高速公路各地段的能见度、温度、湿度、风向、风速、雨雪等气象条件。这些信息中，视频数据可在计算机或电视墙上显示，其他交通量数据和紧急救援信号数据一般通过电子地图板或大屏幕投影的方式显示。

2．交通状态检测子系统

该子系统根据采集到的交通信息原始数据，计算各地段的交通状态参数，这些参数反映了各地段的交通状态。交通状态检测子系统包括交通参数原始数据的接收、交通参数的计算、气象条件数据的处理。管理人员所关心的是交通系统的状况，首先需要一个定性的描述，然后才关心具体的数值分布范围，因此，采用模糊算法的控制系统，通过隶属度函数计算当前值对各模糊集的隶属度，还要判断交通状态及交通气象条件隶属于哪一个模糊子集(定性的状态值)，以便模糊控制系统进行模糊推理。

3．交通控制子系统

该子系统根据各地段的交通状态和气象条件，选择或配置交通控制方案。交通控制子系统包括交通控制目标、交通控制方法、交通控制参数。控制参数以一定的控制形式作用于交通流。

根据控制形式的不同，控制方法可以分为匝道控制和主线控制两大类，而匝道控制也可以分为入口匝道定时调节控制、入口匝道整体定时控制、入口匝道交通感应控制、入口匝道汇合控制。在控制算法上，有基于稳态交通模型和动态交通模型的准确推导方法、基于模糊理论的算法、基于神经网络原理的算法等，这些算法在实践和交流中不断得到发展和完善，为交通控制奠定了良好的理论基础。

4．交通诱导子系统

交通状态检测子系统检测到了交通事件，交通控制系统由此获得交通控制方案，计算出交通控制参数，这些参数依靠交通诱导子系统作用于交通流，为车辆提供诱导信息。交通诱导子系统包括可变限速诱导系统(依靠埋设在道路两侧或中间的可变限速标志，进行整条道路的车速优化处理，使车辆以均匀的密度分布在高速公路上)和可变情报板系统(提供更为具体的诱导信息，向车辆提供准确的交通状态和警告、指挥信息)。

5．计算机网络子系统

计算机网络子系统将其他子系统通过计算机网络连接为一个整体，使之真正成为一个功能强大的有机系统。计算机网络子系统包括计算机设备、网络连接设备、计算机操作系统、数据库系统、计算机网络管理、监控系统应用程序。

在系统实施时往往根据系统设备配置、安装的特点，进行重新划分。监控系统的功能模块框图如图1.1所示。

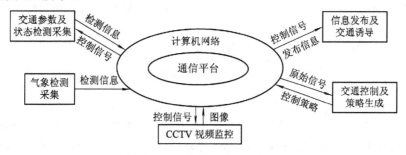

图1.1　监控系统的功能模块框图

上述功能子系统可进一步划分为计算机网络系统、气象采集系统、交通参数及状态采集系统、交通视频监视系统、交通控制系统、交通监视及诱导系统等。

项目三　监控系统的结构

一、监控系统的组织结构

监控系统的组织结构与管理方式有密切的关系，根据行政管理范围和业务的划分，监控系统的组织结构采用由下至上、逐层逐级数据向上传递的方式。就省域的组织结构而言，应视各省的具体情况而定。图1.2给出了监控组织结构的三级管理模式。其中区域监控中心可以是地理范畴的区域中心，也可以是路段公司设定的管理结构。

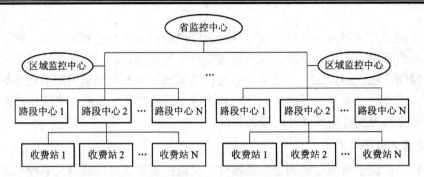

图 1.2　监控组织结构三级管理的参考模式

　　根据各条道路具体情况的不同，公路管理部门可以采取不同的监控系统组织结构。对于距离比较短、监控点比较少的道路，可以采用集中监控的方式，将监控数据传送到邻近收费站的通信站，该通信站通过通信系统将数据送到监控中心。在这种情况下，不设立监控分中心，结构如图 1.3 所示。

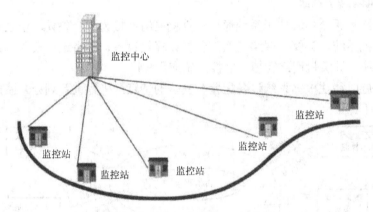

图 1.3　短路段监控系统的组织结构

　　对于比较长的公路，由于管理机构组成的变化，集中式监控已不能满足实际管理的需要，往往采取层级式管理，在监控总中心下成立监控分中心。各监控点的数据传送到通信站后，通过通信系统线传送到监控分中心，监控分中心可以看到下辖监控室的监控数据，同时将这些数据通过通信系统传送到监控总中心，组织结构如图 1.4 所示。

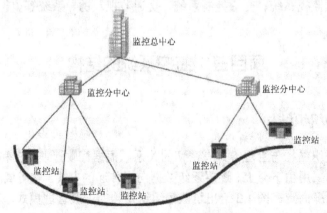

图 1.4　长路段监控系统的组织结构

根据监控系统的功能要求，各种设备需要安装在不同的位置，根据其位置分布的特点，总体上可以分为两大类，即室内设备和外场设备。室内设备包括监控站和监控中心放置的设备。监控中心放置的设备有计算机网络设备、电子地图板、大屏幕投影仪等。外场设备为放置在室外的设备，如可变限速标志、可变情报板、主线监视摄像机等。不同的工作环境，要求设备具有一定的环境适应性。例如，外场设备放置在野外，工作条件恶劣，因此，一些外场设备要考虑安装工艺(防止被破坏、损伤)、隔热、透风、防雨水浸淋等，在雷雨比较多的地区，要处理好设备的防雷和接地。在特殊地段，设备会受到其他系统的信号干扰，影响设备的正常工作，需要进行屏蔽防干扰等特殊处理。

为保证监控系统的正常运行，可靠的电源系统和接地、防雷系统是十分重要的，应该在系统设计时根据设备的功率合理配置系统电源，保证系统主要设备在不间断电源的条件下工作。

二、路段监控系统的构成

1. 外场数据的采集

如图 1.5 所示，外场设备分布在公路沿线，将道路的状态信息传送到监控站，提供整个监控系统的数据源。

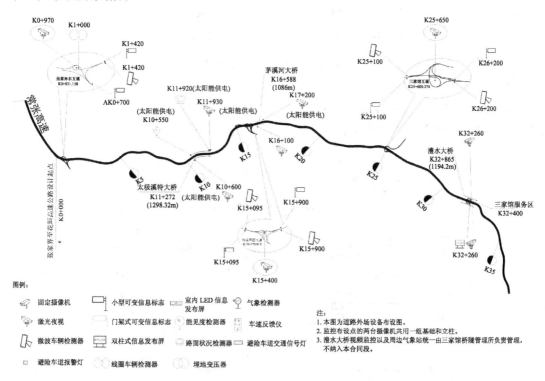

图 1.5 高速公路沿线外场设备分布示意图

如图 1.6 所示，外场设备的数据先送入监控站，由监控站将各种数据由通信设备通过主干通信线路发送到监控中心或分中心。

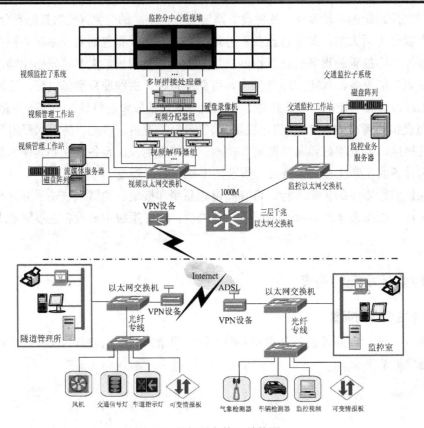

图 1.6　外场设备接入结构图

2. 模拟视频监控系统

图 1.7 所示为比较典型的模拟图像监控系统总体构成图，各摄像机的模拟图像通过同轴视频电缆送至路段监控中心的模拟视频矩阵，并通过矩阵进行图像切换和远程控制。

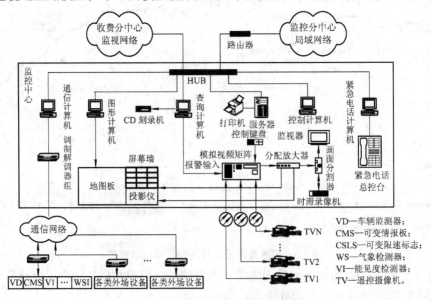

图 1.7　模拟图像监控系统总体构成图

　　图1.8所示为监控系统数据传输方案,各路外场监控数据传输通过Modem(调制解调器)和 OLP/OLT(联机处理器/光线路终端)的低速数据透明信道,送至通信前置机的多串口卡,然后至网络。

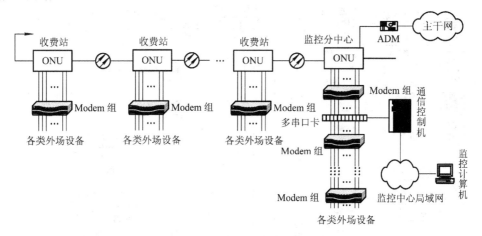

图1.8　监控系统数据传输方案

模拟视频监控系统存在如下不足:

- 注重于路段的监控,对跨区域联网监控考虑不够,存在信息孤岛现象。
- 存在接线复杂、层次不清、可靠性差、实时性较低等问题。
- 路况视频采用点对点的模拟方式送往中心站,多级调用将导致图像质量下降,同时光纤资源耗费巨大,扩容困难。
- 模拟视频不易处理,长时录像耗费大,不便调看和数据共享。
- 对外场和室(亭)内监控图像不加分类处理,导致室(亭)内监控图像所占带宽过大,用模拟方式难以传送至中心,只能在区域内部设监控室,耗费人力、财力。
- 路段接入网通信容量浪费大,155 MB/s 只利用不到 10%;而外场图像传输带宽要求较高,2 MB/s 速率以上的 IP 包传输则需另外绑定多个 E1 的 SDH-IP 的协议转换设备。
- 外场设备、摄像机增减不易。
- 不支持多种业务的跨区联网,缺少公路信息化建设的基础条件,难以拓展其他增值业务。

3. 数字视频监控系统

　　数字视频监控系统指通过视频监控图像的数字化处理而采用的数字传输方式的视频监控系统。图1.9 为基于 IP 网络平台的分布式数字视频监控系统结构图。其中,IP 网络平台采用了以太网方式,由收费站以太网交换机、监控分中心以太网交换机和监控计算机等组成,采用成熟的 TCP/IP 网络协议。

　　摄像机经视频接入设备与以太网交换机相连,进入以太监控网。其中,视频接入设备需进行图像编码,并打出 IP 包传输。类似地,各外场设备则通过数据接入设备,打出 IP 包传输。监控图像可由图像解码器还原成模拟图像在监视器上显示,也可由计算机的图像软解码后显示。若监控数据比较简单,则由监控计算机在网上调用外场数据,并实施控制。

　　数字视频监控系统层次清晰、线路简明，便于区域联网，但需要专用的视频接入设备和数据接入设备，否则摄像机和外场设备需自带接入功能部分。

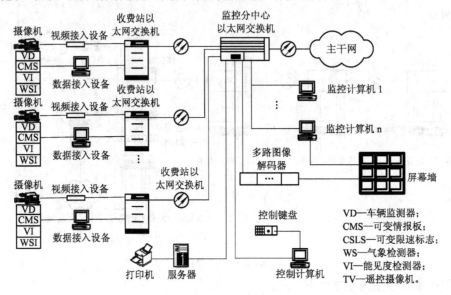

图 1.9　基于 IP 网络平台的分布式数字视频监控系统结构图

三、现场监控站、监控分中心、监控中心的功能

1. 现场监控站的功能

　　每一路段匝道连接点附近安装有交通数据检测器、环境检测器、可变信息显示器和摄像机等设备，这些设备紧靠基本路段一侧的路肩外，其检测、处理、控制和通信单元分别安装在机箱内，与变/配电站等单元组成现场监控站。

　　现场监控站是底层的监控单元，负责完成监控中心或分中心与现场设备之间的信息转接任务，即将现场设备的各种数据汇集起来，进行初步处理后，通过通信单元将数据送到监控分中心或监控中心；将监控分中心或监控中心的控制信号传送给现场终端设备。现场监控站发挥着信息"上传"和"下达"的作用。

2. 监控分中心的功能

　　监控分中心配置有闭路电视控制和显示设备、入口匝道控制设备及紧急电话应答设备等组成的中央控制系统，负责所属路段的实时管理，包括信息处理、控制决策和下达控制指令。

　　监控分中心有一间大监控室，配置有综合控制台和大型显示屏幕，便于管理人员分头操作、管理各个监控子系统。这些子系统包括闭路电视、紧急电话、数据采集处理、控制决策和执行、可变信息编辑和显示、图形编辑显示、通信控制等。同时，分中心还要和同一个管区的收费分中心进行联系，以便获取必需的车辆信息，及时下达入口控制指令。各个现场监控站及所有子系统都是由微处理器或计算机控制管理的。监控室应配备工作电话，内部电话用来完成监控系统的工作调度，方便管理人员之间协调工作，外部电话主要用于和交警、路政、救援、消防等单位联系。监控系统各子系统之间的信息联系则依靠计算机网络，所以，分中心监控室的主要工具平台是一个交通监控计算机网络系统。

3．监控中心的功能

在设有监控分中心的管理系统中，监控中心负责对全局的宏观管理，任务量比较小；在没有监控分中心的管理系统中，监控中心完成与多级管理系统中监控分中心相同的功能。

项目四　监控系统的技术

根据监控系统要达到的目标及组织方式，可以看到监控系统在实施时涉及较多的技术领域，总的可以分为以下几个方面。

1．计算机网络技术

计算机网络是计算机技术和通信技术密切结合的产物，已成为计算机应用中一个必不可少的方面。

计算机网络的功能可归纳为资源共享、提高可靠性、节省费用、便于扩充、数据通信、协同处理、负荷分担等。

在交通监控系统中，通过计算机网络可把数据采集、交通控制、诱导策略实施等模块连接成为有机的控制系统。

2．视频监视技术

视频监视系统可以把监视现场的图像和声音数据传送到远离现场的监控中心，通过多媒体技术将视频、音频数据保存到计算机中。

视频监视系统一般由视频采集、视频信号传输、视频信号显示及视频控制部分组成。

对公路主线入口、桥梁、隧道等重要的交通位置进行视频监视，可以协助工作人员及时了解交通现场的情况，根据发生的事件、事故确定具体的应对策略。

3．数据采集与处理技术

数据采集是指将传感器提供的温度、压力、流量、能见度、湿度等模拟量采集、转换成数字量后，再由计算机进行存储、处理的过程，相应的系统则称为数据采集系统。

数据采集系统一般具有以下功能：

1）数据采集

计算机按照预先选定的采样周期，对输入到系统的模拟信号进行采样，有时还要对数字信号、开关信号进行采样。数字信号和开关信号不受采样周期的限制，当这类信号到来时，由相应的程序负责处理。在交通监控系统中，数据采集系统在采集交通流量、路面温度、湿度、道路大气污染度等方面有重要作用。

2）模拟信号处理

模拟信号是指随时间连续变化的信号，这些信号在规定的一段连续时间内，其幅值为连续值，即从一个量变到下一个量时中间没有间断。

模拟信号有两种类型，一种是由各种传感器获得的低电平信号，另一种是由仪器、变送器输出的电流信号。这些信号经过采样和 A/D 转换输入计算机后，一般要进行数据正确性判断、标度变换、线性化等处理。

模拟信号对干扰信号很敏感，在传送中幅值或相位容易在干扰下发生畸变，需要对模拟信号做零漂修正、数字滤波处理。

3) 数字信号处理

数字信号是指在有限的离散瞬时上取值间断的信号。在二进制系统中，数字信号是由有限字长的数字组成的，其中每位数字不是 0 就是 1，这可由脉冲的有无来体现。数字信号的特点是它只代表某个瞬时的量值，是不连续的信号。

数字信号输入计算机后，常常需要进行码制转换处理，如 BCD 码转换成 ASCII 码，便于传送和显示。

4) 二次数据计算

把直接由传感器采集到的数据称为一次数据，把通过对一次数据进行某种数学运算获得的数据称为二次数据。二次数据计算主要有平均、累计、变化率、差值、最大值和最小值等。

5) 数据存储

数据存储就是按照一定的时间间隔，定期将某些重要数据存储在外部存储器上。在交通监控系统中，数据采集系统在采集交通流量、路面温度、湿度、道路大气污染度方面有重要应用。

4. LED 显示技术

通过在高速公路两侧或上方设置 LED 显示屏，可以将交通诱导信息及时告知驾驶员，达到调节交通流量的目的。

LED 显示屏由显示器件、电源、控制器等部分组成，在野外装置的 LED 要求发光管有较强的亮度。

5. 数据通信技术

当前端设备采集到交通流量或温度、湿度等数据时，要将这些数据发送到上位机或监控室的其他数据接收设备，进行深层次的处理。数据传送时需要数据通信技术的支持，近距离时可通过 RS-232 或 RS-485 口按规定的通信协议传送数据。

6. 图像处理技术

采用视频交通 0 检测技术时，可通过摄像机采集视频数据，捕捉其中的某一瞬时图片，通过对图片进行画面分割、模式识别等处理，可以分析出交通流量的大小。

7. 计算机软件设计技术

交通监控系统的最终目的是为交通管理服务，大量的交通数据采集到监控室后，要依靠计算机软件对这些数据进行接收、分析和处理。在交通监控技术的实施过程中，计算机软件的编制占用的时间较长。按照软件工程的一般管理方法，软件开发一般分为需求分析、概要设计、详细设计、代码编写、调试、单元测试、集成测试等阶段。

8. 交通控制技术

交通监控系统的核心是监控软件，而监控软件必须按照交通控制的算法来实现交通控制的目的，因此，交通控制技术在交通监控系统中占据着十分重要的位置；交通控制理论和交通控制机制包括匝道控制、主线控制等，交通控制算法是交通监控系统的核心。

9. 其他技术

除了信息处理的相关技术外，在交通监控系统实施中还要涉及土建、钢结构件、镀锌等处理技术，这些辅助工作对于保证监控系统的质量和运行效果也是十分重要的。

学习情境二　监控设备的安装

项目一　BNC 接头的制作

BNC(British Naval Connector，英国海军连接器，可能是英国海军最早使用的这种接头)是一种很常见的 RF(射频)端子同轴电缆终结器，即常说的细同轴电缆接口。BNC 接口可以隔绝视频输入信号，使信号间互相干扰减少，且信号带宽要比普通 15 针的 D 型接口大，可达到更佳的信号响应效果，如图 2.1 所示。

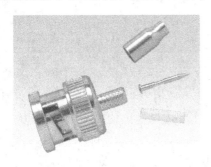 

图 2.1　BNC 接口

视频信号传输一般采用直接调制技术以及基带频率(约 8 MHz 带宽)的形式，其最常用的传输介质是同轴电缆。同轴电缆是专门设计用来传输视频信号的，其频率损失、图像失真、图像衰减的幅度都比较小，能很好地完成传送视频信号的任务。

视频信号传输线有同轴电缆(不平衡电缆)、平衡对称电缆(电话电缆)、光缆。平衡对称电缆和光缆一般用于长距离传输。

监控系统中的视频同轴线缆如图 2.2 所示。

图 2.2　视频同轴线缆

图中 SYV 75-5-2 的各项含义为：S 代表射频，Y 代表聚乙烯绝缘，V 代表聚氯乙烯护套，75 代表 75 欧姆，5 代表线径为 5 mm，2 代表芯线为多芯。

视频同轴电缆 BNC 接头的制作步骤如下：

(1) 如图 2.3 所示，用壁纸刀剥开线缆外护套，将屏蔽网在线缆一侧理顺，可割断另一侧的部分屏蔽网，但注意不能割伤绝缘层，且不能有毛刺。绝缘层应高出外护套约 3 mm。

图 2.3　剥开线缆外护套

(2) 如图 2.4 所示，用尖头电烙铁给整理过的屏蔽网线和芯线上锡。注意屏蔽网上锡时不能太厚，如太厚则可能造成 BNC 头的丝帽拧不上。可适当减少屏蔽网的根数和将屏蔽网焊扁。

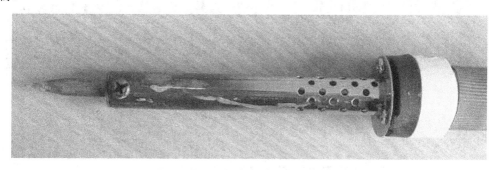

图 2.4　尖头电烙铁上锡

(3) 将上过锡的屏蔽网和芯线用斜口钳剪断，屏蔽网和芯线分别留长约 7 mm 和 3 mm，如图 2.5 所示。

图 2.5　用斜口钳剪断屏蔽网和芯线

(4) 用电烙铁给 BNC 接头上锡，注意一定要有足够的锡，以保证焊接强度，如图 2.6 所示。

图 2.6　给 BNC 接头上锡

(5) 将上过锡的线缆与上过锡的 BNC 接头直接焊接，并整理毛刺，如图 2.7 所示。

图 2.7　整理 BNC 接头

项目二　枪式摄像机的安装

摄像机的使用很简单，通常只要正确安装镜头，连通信号电缆，接通电源即可工作。但在实际使用中，如果不能正确地安装镜头并调整摄像机及镜头的状态，则可能达不到预期的使用效果。应注意区分镜头与摄像机的接口，是 C 型接口还是 CS 型接口，否则用 C 型镜头直接往 CS 接口摄像机上旋入时极有可能损坏摄像机的 CCD(Charge-Coupled Device，电荷耦合元件，可称为 CCD 图像传感器，是一种半导体器件，能够把光学影像转化为数字信号)芯片。

安装镜头时，首先去掉摄像机及镜头的保护盖，然后将镜头轻轻旋入摄像机的镜头接口并使之到位。对于自动光圈镜头，还应将镜头的控制线连接到摄像机的自动光圈接口上；对于电动两可变镜头或三可变镜头，只要旋转镜头到位，则暂时不需校正其平衡状态(只有在后焦聚调整完毕后才需要最后校正其平衡状态)。

调整镜头光圈与对焦，关闭摄像机上电子快门及逆光补偿等开关，将摄像机对准欲监视的场景，调整镜头的光圈与对焦环，使监视器上的图像最佳，然后装好防护罩并上好支架即可。在以上调整过程中，若在光线明亮时未将镜头的光圈开得尽可能大，而是关得比较小，则摄像机的电子快门会自动调在低速上，因此仍可以在监视器上形成较好的图像；但当光线变暗时，由于镜头的光圈比较小，而电子快门也已经处于最慢(1/50 s)状态了，此时的成像就可能是昏暗一片了。

摄像机的安装方法如下(以枪式摄像机的安装为例)：

(1) 拿出支架，准备好工具(如胀塞、螺丝、改锥、小锤、电钻等)；按事先确定的安装位置，检查好涨塞和自攻螺丝的型号，测试支架螺丝和摄像机底座的螺口是否合适，预埋的管线接口是否处理好，电缆是否畅通，就绪后进入安装程序，如图 2.8 所示。

勿用手摸碰

图 2.8　摄像机的安装(1)　　　　　图 2.9　摄像机的安装(2)

(2) 拿出摄像机和镜头，按照事先确定的摄像机镜头型号和规格，仔细装上镜头(红外摄像机和一体式摄像机不需安装镜头)，注意不要用手碰镜头和 CCD(图 2.9 中标注部分)，确认固定牢固后，接通电源，连通主机或现场使用监视器、小型电视机等调整好光圈焦距。

(3) 拿出支架、胀塞、螺丝、改锥、小锤、电钻等，按照事先确定的位置，装好支架，确定牢固后，将摄像机按照约定的方向装上，如图 2.10 所示。安装支架前，最好先在安装的位置通电进行测试，以便得到更合理的监视效果。

图 2.10　摄像机的安装(3)　　　　　图 2.11　摄像机的安装(4)

(4) 如果室外或室内灰尘较多，需要安装摄像机护罩，可于第(2)步完成后直接开始安装护罩，如图 2.11 所示。

① 打开护罩上盖板和后挡板；

② 抽出固定金属片，将摄像机固定好；

③ 将电源适配器装入护罩内；

④ 复位上盖板和后挡板，理顺电缆并并固定好，然后装到支架上。

(5) 把焊接好的视频电缆 BNC 插头插入视频电缆的插座内(用插头的两个缺口对准摄像机视频插座的两个固定柱,插入后顺时针旋转即可),并确认牢固、接触良好,如图2.12所示。

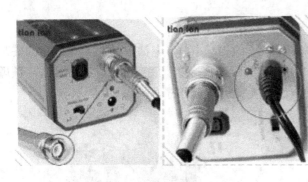

图2.12　摄像机的安装(5)　　　　　　　　　　图2.13　摄像机的安装(6)

(6) 将电源适配器的电源输出插头插入监控摄像机的电源插口,并确认牢固度(注意摄像机的电源要求:一般普通枪式摄像机使用 500～800 mA、12 V 的电源,红外摄像机使用1000～2000 mA、12 V 的电源,请参照产品说明选用),如图2.13所示。

(7) 把电缆的另一头按同样的方法接入控制主机或监视器(电视机)的视频输入端口,并确保牢固、接触良好,如图2.14所示。如果使用画面分割器、视频分配器等后端控制设备,请参照具体产品的接线方式进行。

图2.14　摄像机的安装(7)

(8) 接通监控主机和摄像机电源,通过监视器调整摄像机角度到预定范围,并调整摄像机镜头的焦距和清晰度,进入录像设备和其他控制设备调整工序。

项目三　高速球型摄像机的安装

一、高速球型摄像机的特性

(1) 采用了先进的数字信号处理技术。全数字图像处理技术和特殊算法,可实现 600线的高分辨率。

（2）属于高性能的监视摄像机，配备有变焦镜头和数字缩放 IC，检视变焦倍数可达 688 倍，宽动态功能可使画面上明亮和黑暗部分都能够获得清晰图像。

（3）在夜晚或低照度环境中可自动切换成黑白模式，以提高画面清晰度；白平衡功能使不同照明条件下拍摄的图像色彩更加自然；当被摄物体的背面有明亮的光照时，背光补偿功能可对因逆光造成的被摄物体发暗部分进行亮度补偿。

（4）随着被摄物体的移动可自动聚焦。

（5）为保护个人的隐私，加密区域功能在画面上可将特定区域屏蔽起来，水平/上下功能则可以实现高速、精密的控制。

二、高速球型摄像机的结构和组成

摄像机出厂时一般含有图 2.15 所示的小组件，包括摄像机主机、底座、护盖、模板、用户手册、连接器等。

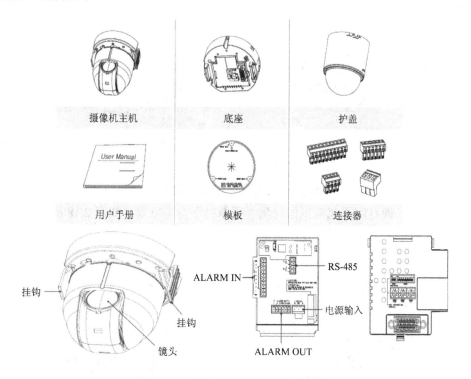

图 2.15　高速球型摄像机的组成部件

三、高速球型摄像机的安装方法图解

（1）准备工作(见图 2.16)：

① 当在天花板上安装摄像机时，请使用天花板安装模板。

② 将电缆穿过模板中央的"*"形孔，并除去胶合剂上的薄膜，然后将模板粘到天花板上的预定位置。

③ 在安装框式支架时，对齐模板上的所有螺丝孔和框式支架上的螺丝孔。

该模板可防止天花板上的灰尘进入摄像机内。

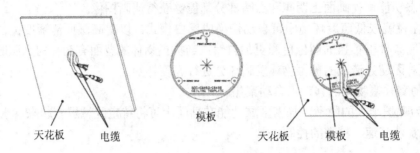

图 2.16　高速球型摄像机的安装(1)

(2) 按压"适配器"上的"搭扣",打开"适配器",将线缆从"底座"穿出,如图 2.17 所示。

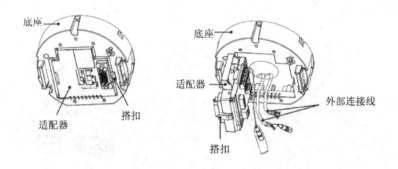

图 2.17　高速球型摄像机的安装(2)

(3) 使用三颗螺钉将"底座"固定到"摄像机"安装位置,如图 2.18 所示。

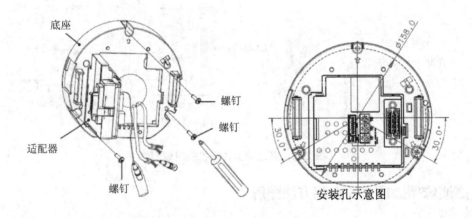

图 2.18　高速球型摄像机的安装(3)

(4) 将外部电缆连接到"连接器(ALARM IN,电源,RS-485,ALARM OUT)",然后将"连接器"连接到"适配器"。将连接线插入"底座",关上"适配器"。使用"绝缘套管"包住"BNC 插孔",并用绝缘胶布封住"绝缘套管"的开口,使得"BNC 插孔"不会伸出"绝缘套管"之外,如图 2.19 所示。

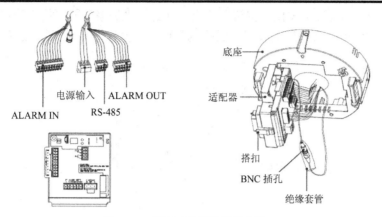

图 2.19 高速球型摄像机的安装(4)

(5) 将"摄像机"的"保险丝"连接至"底座"的"支架线"。将"摄像机"的"22 P 连接器"与"适配器"上的相应连接器连接，将"摄像机"两侧的"挂钩"向"底座"的"支架"方向推压，固定两者，如图 2.20 所示。注意确保两个"挂钩"均已正确"卡入"并固定到"支架"上。

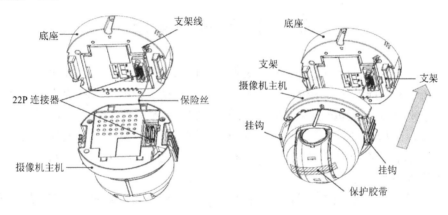

图 2.20 高速球型摄像机的安装(5)

(6) 将"护盖"箭头与"底座"箭头对齐，再按压"护盖"。将"护盖"按压到底，然后顺时针旋转"护盖"。如图 2.21 所示，旋转它直到看到"按钮"孔并听到"咔嗒"声。注意确保在顺时针旋转"护盖"时，"护盖"不会活动。

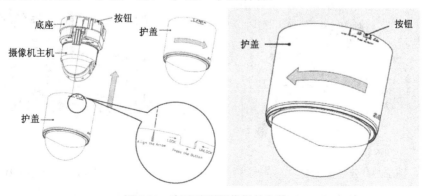

图 2.21 高速球型摄像机的安装(6)

如果要取下"护盖"，按住"按钮"并逆时针旋转"护盖"即可将"护盖"取下。

(7) 安装完成后，从镜头上取下"保护膜"和"保护胶带"，如图 2.22 所示。

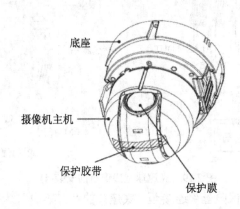

底座

摄像机主机

保护胶带

保护膜

图 2.22　高速球型摄像机的安装(7)

项目四　云台的安装

　　监控系统所说的云台是通过控制系统在远程可以控制其转动以及移动方向的转动轴，是两个交流电机组成的安装平台，可以水平和垂直运动。根据其回转的特点可分为只能左右旋转的水平旋转云台和既能左右旋转又能上下旋转的全方位云台。

　　安装云台最基本的工具有冲击钻、锤子、改锥、扳手、盒尺、铅笔等。在安装云台之前，必须把云台的使用说明书仔细阅读一遍，在确定电压、所有电缆(云台、镜头、电源等)、安装位置等事项后，再开始安装。

　　在此，我们利用图解的方式，以一台室内壁挂式云台为例介绍其安装和接线方式，其他型号云台的安装与此大同小异。

(1) 将云台侧放，用改锥打开底盖板，如图 2.23 所示。

(2) 去掉盖板，抽出接线板，如图 2.24 所示。

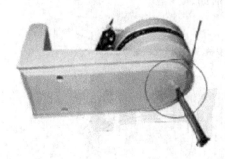

图 2.23　云台安装(1)

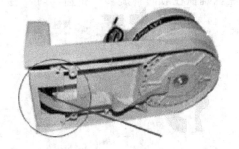

图 2.24　云台安装(2)

(3) 将接线板平放在桌面上，小心地拔出控制电缆，如图 2.25 所示。

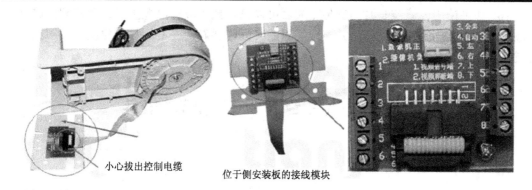

小心拔出控制电缆　　　　位于侧安装板的接线模块

图 2.25　云台安装(3)

注意：要特别注意电源的电压，本例机器使用 24 V 电源，接入 220 V 将会烧毁云台。

(4) 按照说明书和摄像机的参数把控制信号线接入各端口，如图 2.26 所示。

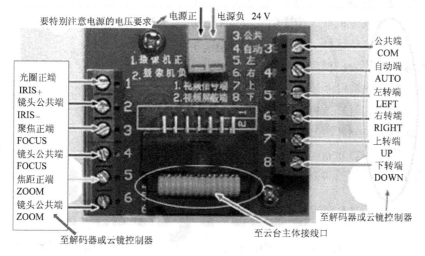

图 2.26　云台安装(4)

(5) 把带有接线模块的固定板按照事先的位置固定到墙上，再按照第(1)步至第(3)步的方法把云台的底板装回去，如图 2.27 所示。

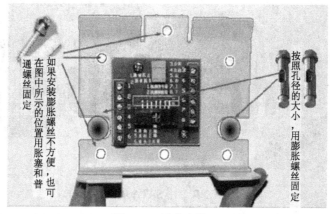

图 2.27　云台安装(5)

（6）如果使用云镜控制器，安装完成后可以直接把相应的电缆接入云镜控制器进行加电测试(再次提醒，注意电压)，并根据场景的实际需要确定左右的扫描角度，并用塑料销固定。

项目五　DVR 专用 SATA 硬盘的安装

一、DVR 的安装特性

DVR(Digital Video Recorder，数字视频录像机)相对于传统的模拟视频录像机，采用硬盘录像，故常常被称为硬盘录像机。现以主流的海康威视 DS-7800H-S 系列为例进行介绍。网络硬盘录像机是一种专用的监控设备，在安装使用时若硬盘录像机安装在机架或机柜内，应使用支架固定并注意以下事项：

（1）安装硬盘录像机前，请先将支架安装在机架或机柜的适当位置。

（2）确保设备安全运行所必需的空气流通。

（3）确保不会因为机械负荷不均匀而造成危险。

（4）确保机柜内温度不超过 55℃。

（5）确保视频、音频线缆有足够的安装空间，线缆弯曲半径应不小于 5 倍线缆外径。

（6）确保报警、485 等线缆牢固安装，良好接触。

（7）如果安装多台设备，设备的间距最好大于 2 cm。

（8）确保硬盘录像机可靠接地。

二、DVR 专用 SATA 硬盘的安装

应使用硬盘生产厂商推荐的 DVR 专用 SATA 硬盘(串口硬盘)。DS-7800H-S 系列最多可安装 2 块硬盘，DS-8800H-S 最多可安装 8 块硬盘。在安装前应确认已断开电源。

（1）拧开机箱背部、侧面的螺丝，取下盖板，如图 2.28 所示。

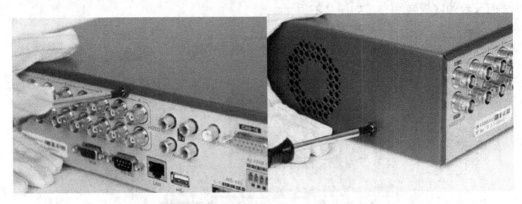

图 2.28　DVR 专用 SATA 硬盘安装(1)

（2）将硬盘如图 2.29 所示横放入机箱内，用螺丝将盘固定于机箱底部。

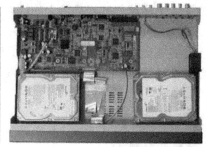

图 2.29　DVR 专用 SATA 硬盘安装(2)

(3) 将硬盘数据线的一端连接在主板上，另一端连接在硬盘上，如图 2.30 所示。

图 2.30　DVR 专用 SATA 硬盘安装(3)

(4) 将电源线连接在硬盘上，如图 2.31 所示。

图 2.31　DVR 专用 SATA 硬盘安装(4)

(5) 盖好机箱盖板，并将盖板用螺丝固定。

项目六　DVR 与其他设备的连接

　　监控系统中通常需要将 DVR 与其他外部设备进行连接，对系统进行扩容或是增加系统功能。监控系统中连接较多的设备是联动报警设备、云台编解码器、视频控制矩阵等。下面针对典型系统中三大连接设备进行描述。

一、与联动报警设备(报警输入/输出设备)的连接

　　DVR 设备提供有接信号线的绿色弯针插头，与报警输入/输出设备的具体连接步骤如下：

(1) 拔出插在硬盘录像机上 ALARM IN、ALARM OUT 端口的绿色弯针插头。

(2) 用微型十字螺丝刀拧松插头上的螺丝，将信号线放进插头内弹簧片下沿，再拧紧螺丝。

(3) 将接好的插头卡入相应的绿色弯针插座。

(4) 硬盘录像机后面板的报警输入(ALARM IN)、输出(ALARM OUT)接口如图 2.32、图 2.33 所示。

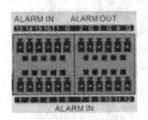

图 2.32　DS-7800H-S 系列　　　　　　　　图 2.33　DS-8800H-S 系列

(5) 报警输入为开关量(干节点)输入，若报警输入信号不是开关量信号(如电压信号)，则以图 2.34 所示方式连接。

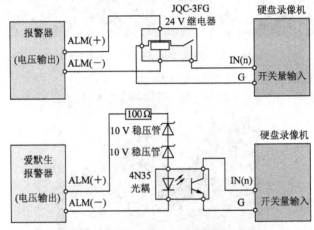

图 2.34　开关量(干节点)输入连接示意图

(6) 报警输出接直流、交流负载时，以图 2.35 所示方式连接。

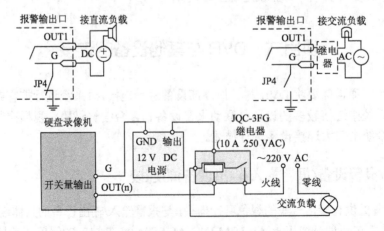

图 2.35　直流、交流负载连接示意图

二、与云台编解码器(RS-485 云台解码器)的连接

DVR 设备提供有接信号线的绿色弯针插头,与 RS-485 云台解码器的具体连接步骤如下:

(1) 拔出插在硬盘录像机上的 RS-485 的绿色弯针插头。

(2) 用微型十字螺丝刀拧松插头上的螺丝,将 RS-485 控制线放进插头内弹簧片下沿,再拧紧螺丝。

(3) 将接好的插头卡入相应的绿色弯针插座,如图 2.36 所示。

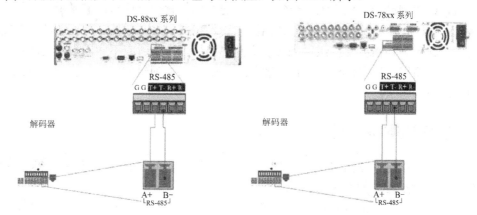

图 2.36　RS-485 云台解码器与硬盘录像机的连接示意图

注意:RS-485 云台解码器连接硬盘录像机的 T+、T− 端。

三、与视频控制矩阵(控制键盘)的连接

硬盘录像机后面的 KB 端口即键盘接口,提供有接信号线的绿色弯针插头,与控制键盘的具体连接步骤如下:

(1) 拔出插在硬盘录像机上 KB 端口的绿色弯针插头。

(2) 用微型十字螺丝刀拧松插头上的螺丝,将 RS-485 控制键盘的 Ta、Tb 分别放进硬盘录像机的 D+、D− 插头内弹簧片下沿,再拧紧螺丝。

(3) 将接好的插头卡入相应的绿色弯针插座,如图 2.37 所示。

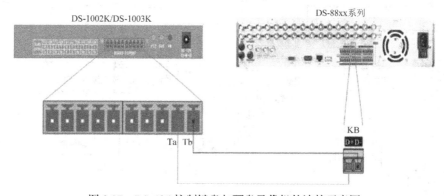

图 2.37　RS-485 控制键盘与硬盘录像机的连接示意图

注意:在连接使用控制键盘时,应确保控制键盘与硬盘录像机可靠接地。

项目七　视频控制矩阵的安装

一、安装要求

视频控制矩阵是指通过阵列切换的方法将 M 路视频信号任意输出至 N 路监控设备上的电子装置，即将视频图像从任意一个输入通道切换到任意一个输出通道显示。一般来讲，一个 M×N 矩阵表示它可以同时支持 M 路图像输入和 N 路图像输出，即任意的一个输入和任意的一个输出，还需要支持级联来实现更高的容量。为了适应不同用户对矩阵系统容量的要求，矩阵系统应该支持模块化和即插即用(PnP)设备，通过增加或减少视频输入、输出卡可以实现不同容量的组合。

二、系统框图和典型连接图

视音频切换/控制主机系统方框图如图 2.38 所示，典型系统连接图如图 2.39 所示，网络矩阵主机间的连接图如图 2.40 所示。

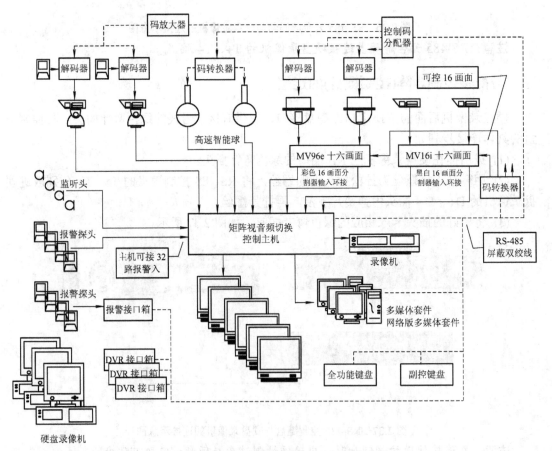

图 2.38　视音频切换/控制主机系统方框图

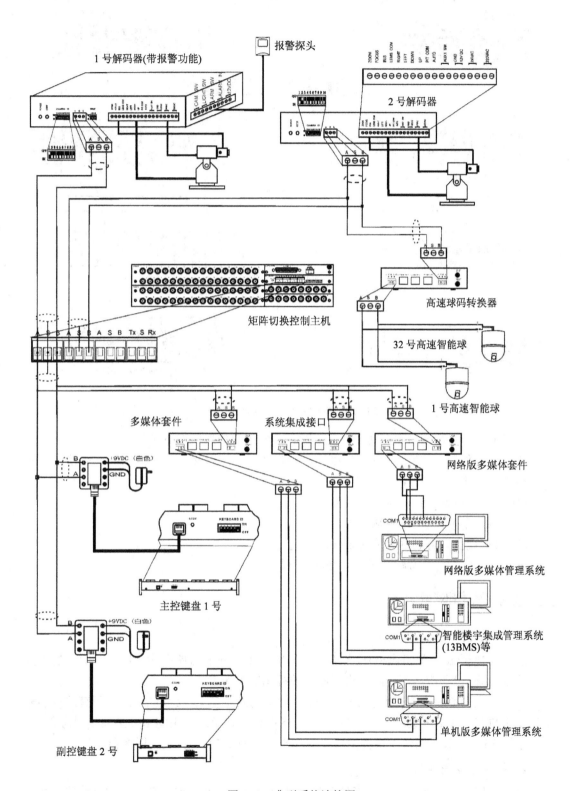

图 2.39　典型系统连接图

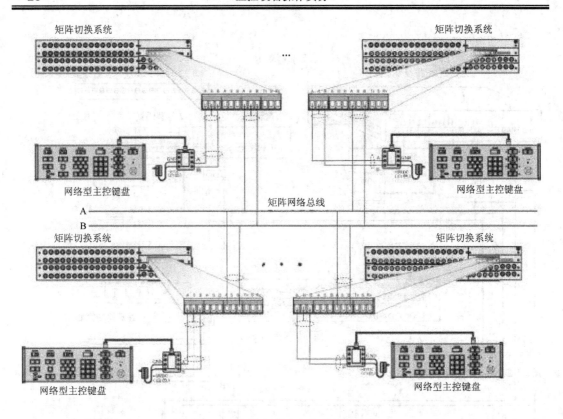

图 2.40　网络矩阵主机间的连接图

矩阵主机的接线工作均在其后面板上进行，联机前应做好以下工作：

(1) 安装并接好所有设备的电源插座，若设备采用三线接地型电源插头，应使用对应的三相接地型插座，并确保接地良好。

(2) 接好视频输入线、监视器线。

(3) 接好视频与控制线终端电阻。

(4) 接好键盘、解码器等系统设备。

注意：连线之前，请断开所有设备的电源。

三、视频控制矩阵的安装

1. 视频连接

所有的视频输入(如摄像机)设备应接到矩阵主机后面板的视频输入端上，所有的视频输出(如监视器)设备应接到矩阵主机后面板的视频输出端上。

所有视频设备的连接必须使用带有 BNC 插头的高质量 75 Ω 视频电缆，所有的视频输出设备必须在连接中将最后一个设备设置为 75 Ω 的终端负载，中间单元必须设置为高阻。如果不接 75 Ω 负载，图像会过亮，相反，如果接了两个 75 Ω 负载，图像会过暗。

2. 控制数据线连接

控制数据线自矩面主机后面板的通信端口输出，经它发送切换和控制信号到其他矩面系统设备上。

3. RS-485 通信接口

在主机后面板上有三个通信接口：CODE1 为水晶头口，CODE2、CODE3 为 RS-485 通信接口，每组 3 线，分别为 A、B、S(屏蔽地)(其中 B 为 D+，A 为 D−)，如图 2.41 所示。

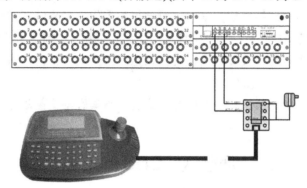

图 2.41　主机后面板上三个通信接口信息

每一组通信接口的最远控制距离应小于 1300 米，最后一台设备的输入端应接入一个 120 Ω 的匹配电阻，当最远距离大于 1300 米时，要接入控制码放大器。

A、B 通信线不能接反，连接正确时，CODE 通信指示灯将闪烁。

4. 报警输入、输出的连接

报警输入接口示意图如图 2.42 所示。其中，1～32 为报警输入接口，33～37 为报警输入公共地。

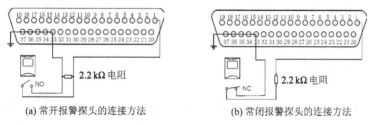

(a) 常开报警探头的连接方法　　　　　(b) 常闭报警探头的连接方法

图 2.42　报警输入、输出连接方法示意图

注意：不接报警探头时，应在输入端子与公共地之间接 2.2 kΩ 电阻。

RELAY 为报警输出端，如图 2.43 所示。接线脚序为 1—继电器公共端；2—继电器常开触点；3—继电器常闭触点。

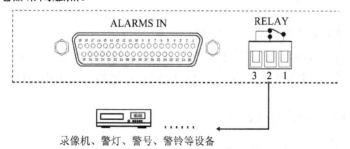

录像机、警灯、警号、警铃等设备

图 2.43　报警输出接口接线脚序示意图

5. 通电

连接工作完成后通电前，应仔细检查连接线是否处于正确状态，应核对电网电压是否与矩阵要求的电压相符合，应使用 220 V AC、10±%、50～60 Hz 电源，保险丝额定值为 250 V/0.5 A(5×20 mm)。

通电后，系统所有监视器均正常显示摄像机的图像，且系统图像开始切换，说明系统已安全启动。当系统加电运行时，正常情况下主机后面板上的通信指示灯(CODE)会不停地闪烁，这表明系统主机与各设备通信正常；如指示灯闪动不正常，请在主机菜单中对系统进行复位。

注意：在增加、拆除摄像机、监视器、键盘、解码器等设备之前，应关断电源。

项目八　ONU 的安装

一般把包括光接收机、上行光发射机、多个桥接放大器网络监控的设备叫做光网络节点(Optical Network Unit，ONU)。其主要功能是选择接收 OLT(光线路终端，用于连接光纤干线的终端设备)发送的广播数据，响应 OLT 发出的测距及功率控制命令，并作出相应的调整，对用户的以太网数据进行缓存，并在 OLT 分配的发送窗口中向上行方向发送。在目前典型的监控系统中通常是用光纤主干通信通道，在终端设备区通过光模信号转换设备连接，在局端再次用光模信号转换设备将光信号转换为需要的信号或数据，所以 OUN 的安装和调试是相当重要的，并且连接安装的设备越来越多。在此以机架式安装进行介绍。

一、ONU 的安装要求

(1) ONU 设备本身的防护等级为 IP20。在室外或易被雨水淋到的楼道环境中安装的网络箱必须达到 IP55 等级及以上，在室内或雨水未能淋到的楼道环境中安装的网络箱必须达到 IP31 等级及以上。

(2) 安装 ONU 时须有效接地，以防止雷击。

(3) 在室内柜、网络箱/室外柜安装 ONU 设备时需要考虑机柜内的散热能力是否满足 ONU 的工作温度。

(4) 网络箱风道需要和设备风道合理配合。

(5) ONU 设备在机柜中安装时还需要考虑到设备前面板的出线空间。

(6) ONU 设备一般不单独安装，在机柜中安装时也需要考虑周边的选址。

二、ONU 一体化单元的安装

ONU 设备在室内 19 英寸机柜/机架中安装，如图 2.44 所示。

图 2.44　在室内 19 英寸机柜/机架中的安装

　　在网络箱/室外机柜中的安装方式根据网络箱/室外机柜的规格不同而有所不同，如图 2.45、图 2.46 所示。应注意保持网络箱/室外机柜的进出风通道畅通，以利于设备的散热。

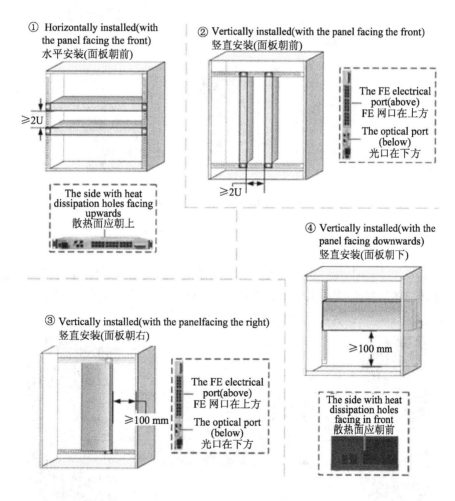

图 2.45　网络箱/室外机柜的安装方式(一)

　　从散热角度考虑，在网络箱中安装时，禁止采用竖直安装(面板朝上)方式。

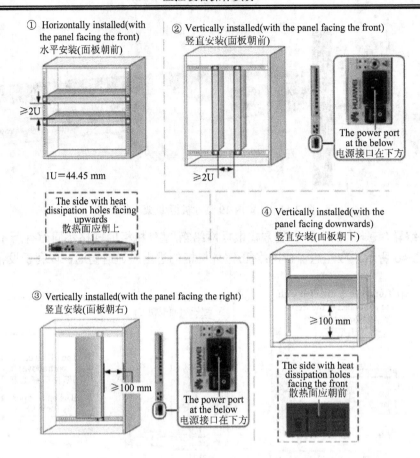

① Horizontally installed(with the panel facing the front)
水平安装(面板朝前)

1U＝44.45 mm

② Vertically installed(with the panel facing the front)
竖直安装(面板朝前)

≥2U

The power port at the below
电源接口在下方

The side with heat dissipation holes facing upwards
散热面应朝上

③ Vertically installed(with the panel facing the right)
竖直安装(面板朝右)

≥100 mm

The power port at the below
电源接口在下方

④ Vertically installed(with the panel facing downwards)
竖直安装(面板朝下)

≥100 mm

The side with heat dissipation holes facing the front
散热面应朝前

图 2.46　网络箱/室外机柜的安装方式(二)

三、ONU 插卡式设备的安装

ONU 设备通过选配 ETSI(欧洲电信标准化协会)挂耳,可安装在室内 21 英寸机柜/机架、有 21 英寸接口的网络箱/室外机柜中,如图 2.47 所示。在安装时,插卡式设备的空槽位处一定要安装上单板或假面板,以利于设备的散热。

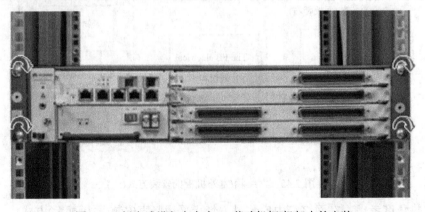

图 2.47　插卡式设备在室内 21 英寸机柜/机架中的安装

OUN插卡式设备在网络箱/室外机柜中的安装方式有两种，即水平安装(面板朝前)和竖直安装(面板朝前)，如图2.48所示。安装时应使设备风道与网络箱/室外机柜风道一致，以利于设备的散热。

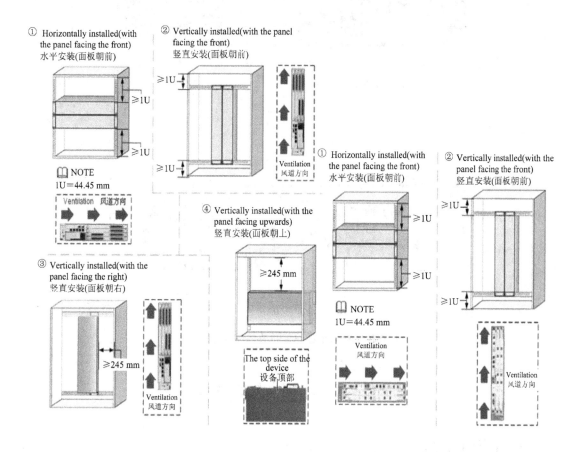

图 2.48　插卡式设备在网络箱/室外机柜中的安装

四、布放线缆

保护地线的正确连接是机箱防雷、防干扰的重要保障，所以必须正确连接保护地线。布放交流电源线前，应断开为 ONU 设备供电的交流电源输出开关(ONU 设备交流供电时)；布放直流电源线前，应断开为 ONU 设备供电的直流电源输出开关(ONU 设备直流供电时)，如图 2.49 所示。布放直流电源线时应注意，蓝色线缆为 –48 V 线缆，黑色线缆为 RTN 线缆。

进行光纤的安装、维护等操作时，严禁肉眼靠近或直视光纤接口。光纤的曲率半径应在光纤直径的 20 倍以上，一般情况下曲率半径不小于 40 mm。如果业务单板提供的是 POTS/xDSL(模拟电话业务/数字用户线路)业务，在后续的接通业务中，必须在外线模条上安装保安单元。

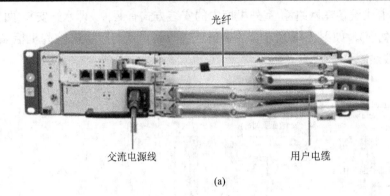

交流电源线　　　　　　　　　　　用户电缆

(a)

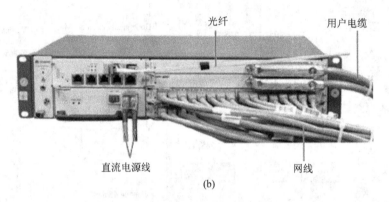

直流电源线　　　　　　　　　　　网线

(b)

图 2.49　ONU 设备布放线缆效果图

项目九　磁盘阵列的安装

一、磁盘阵列的概念

磁盘阵列即把多块独立的硬盘(物理硬盘)按不同的方式组合起来形成一个硬盘组(逻辑硬盘)，从而提供比单个硬盘更高的存储性能，并提供数据备份技术，如图 2.50 所示。组成磁盘阵列的不同方式称为 RAID 级别(磁盘阵列级别)。数据备份的功能是用户数据一旦发生损坏，利用备份信息可以使受损数据得以恢复，从而保障了用户数据的安全性。在用户看来，组成的磁盘组就像是一个硬盘，用户可以对它进行分区、格式化等操作。总之，对磁盘阵列的操作与对单个硬盘一样。不同的是，磁盘阵列的存储速度要比单个硬盘高得多，而且有自动数据备份功能。

虽然 RAID 包含多块硬盘，但是在操作系统下是作为一个独立的大型存储设备出现的。利用 RAID 技术于存储系统的好处主要有以下三种：

(1) 通过把多个磁盘组织在一起作为一个逻辑卷，可提供磁盘跨越功能。

(2) 通过把数据分成多个数据块(Block)并行写入/读出多个磁盘，可以提高访问磁盘的速度。

(3) 通过镜像或校验操作，可提供容错能力。

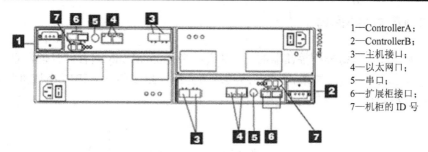

图 2.50　磁盘阵列后面板示意图

1—ControllerA；
2—ControllerB；
3—主机接口；
4—以太网口；
5—串口；
6—扩展柜接口；
7—机柜的 ID 号

二、磁盘阵列和小型机的连接

1. 热备份硬件连线

采用热备份方式时, 磁盘阵列和小型机的硬件连线如图 2.51 所示。其中, HBA(Host Bus Adapter)是主机上的光纤卡。

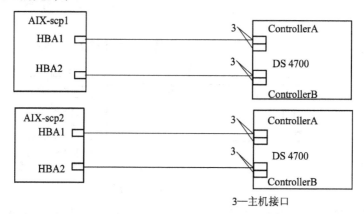

图 2.51　热备份硬件连线图

2. 冷备份硬件连线

采用冷备份方式时, 磁盘阵列和小型机的硬件连线如图 2.52 所示。

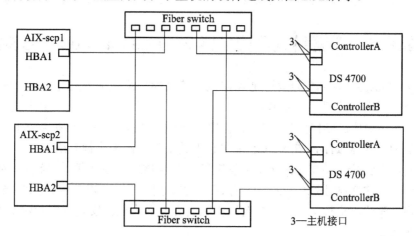

图 2.52　冷备份硬件连线图

三、磁盘阵列和 PC 的连接

用网线连接 PC 和磁盘阵列控制器时，可以通过 Storage Manager(存储管理器)对磁盘阵列进行操作。Storage Manager 的配置将在后续章节介绍。图 2.53 中，IBM 小型机和磁盘阵列用光纤连接，磁盘阵列和 PC 用网线连接。

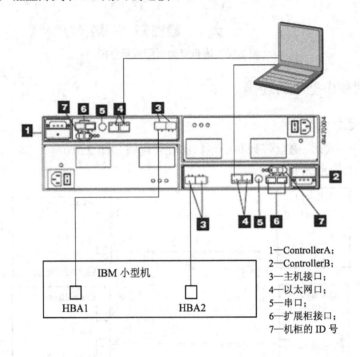

1—ControllerA；
2—ControllerB；
3—主机接口；
4—以太网口；
5—串口；
6—扩展柜接口；
7—机柜的 ID 号

图 2.53　PC 和 DS 4700 的连接方法

磁盘阵列有两个控制器：ControllerA 和 ControllerB。每个控制器有一个网口，ControllerA 的网口默认 IP 地址为 192.168.128.101，ControllerB 的网口默认 IP 地址为 192.168.128.102。

控制台需要配置和磁盘阵列控制器同一网段的 IP 地址，用来连接磁盘阵列。

项目十　磁盘阵列管理工具 Storage Manager 的安装

Storage Manager 即存储管理器，是 IBM 磁盘阵列操作系统中独立开发的管理工具之一，针对存储器资源进行管理，主要是对主存的管理，关注存储介质方面的操作与维护，解决以数据恢复和历史信息归档为目的的联机与脱机数据存储，跟踪并维护数据和数据资源。

下面以 Storage Manager 在 Windows 平台上的安装为例来进行介绍。

(1) 将获取的 Storage Manager 安装包拷贝到本地 PC，并解压缩。在解压缩生成的文件中找到"SMIA-WS32-09.16.35.62.exe"文件，并双击。这里假定"SMIA-WS32-09.16.35.62.exe"文件是安装程序的可执行文件，安装时以实际的文件名为准。安装程序开始做安装准备，如图 2.54 所示。

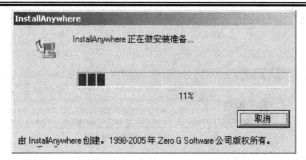

图 2.54　安装程序准备窗口

(2) 系统自动进入"Introduction"页面，如图 2.55 所示。

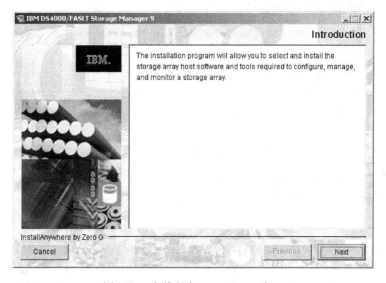

图 2.55　安装程序 Introduction 窗口

(3) 单击"Next"按钮，进入安装程序的版权声明 Copyright Statement 窗口，如图 2.56 所示。

图 2.56　安装程序版权声明窗口

（4）单击"Next"按钮，进入安装程序的许可协议 License Agreement 窗口，如图 2.57所示。

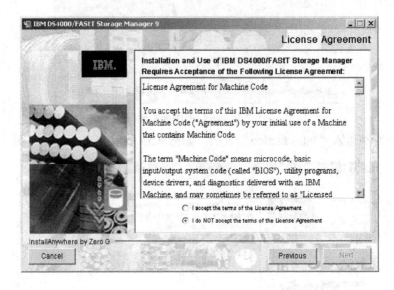

图 2.57　安装程序许可协议窗口

（5）选择"I accept the terms of the License Agreement"项，单击"Next"按钮，进入如图 2.58 所示的窗口，安装程序要求用户在此窗口中选择安装路径。文本框中的路径是默认安装路径。

图 2.58　安装程序路径窗口

如果要选择默认安装路径，则单击"Restore Default Folder"按钮。

如果要选择其他安装路径，则有两种方式，一是在文本框中输入安装路径；二是单击"Choose"按钮，在弹出的对话框中选择安装路径。

建议选择默认的安装路径。

(6) 单击"Next"按钮，进入如图 2.59 所示的窗口，安装程序要求用户在此窗口中选择安装类型。

图 2.59　安装程序类型窗口

建议选择典型安装，即单击"Typical(Full Installation)"项。选中某种安装类型后，被选中的安装类型变为蓝色字体。

(7) 单击"Next"按钮，进入如图 2.60 所示的窗口，安装程序要求用户在此窗口中选择是否自动启动监视器。

图 2.60　安装程序自动启动监视器窗口

建议选择不自动启动监视器，即选择"Do not Automatically Start the Monitor"项。

(8) 单击"Next"按钮，安装程序显示程序的安装路径、程序需要的空间大小和系统可用空间大小，如图 2.61 所示。

图 2.61　安装程序信息显示窗口

(9) 单击"Install"按钮，出现如图 2.62 所示的窗口，表示程序安装完成。

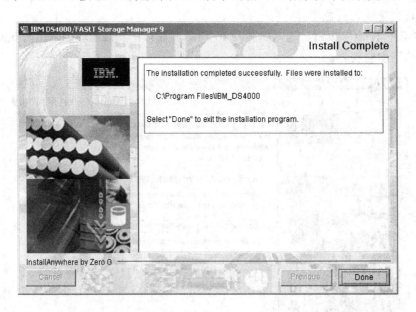

图 2.62　安装程序完成窗口

(10) 单击"Done"按钮，系统退出安装界面。

学习情境三　监控设备的配置

项目一　高速球型摄像机的配置

随着社会对城市治安监控和交通监控的重视，高速球型摄像机有其他摄像机不可具备的优势。目前高速球型摄像机的一个重要应用就是高速公路、城市路口监控，主要是对道路中和路口的行人及车辆情况进行监视和记录，对发生的治安案件和其他事故快速做出反映，还可以对特殊的行人和车辆进行跟踪定位，以及事后调查取证等工作。

高速球型摄像机(简称高速球)有几个主要的硬件部件，首先是电机，然后是滑环，再就是电源部分和控制主板，传动的皮带也很重要。高速球的通信涉及通信协议和通信方式。通信协议是指高速球跟主机系统通信时所选择的协议，如 pelco、曼码、松下、菲利普协议等。通信方式是指这些通信协议采用的方式，如 485 通信方式、232 通信方式、422 通信方式、同轴视控通信方式。一般来讲，高速球型摄像机采用的均是 485 通信方式，通信协议则根据不同厂家而不同。

下面以三星 SCC-C6455P 高速球型摄像机为例进行介绍。

一、摄像机的地址配置

SW606、SW605 和 SW604 用来指定摄像机的地址，可将地址指定为 0 到 255 之间的值。其中，百位由 SW606 指定，十位由 SW605 指定，个位由 SW604 指定。

例如，如果摄像机的地址为 1，则可按照图 3.1 所示步骤进行设置。

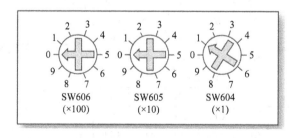

图 3.1　摄像机地址设置示意图

二、通信协议与波特率的配置

图 3.2 所示为三星 SCC-C6455P 高速球型摄像机的设置面板。

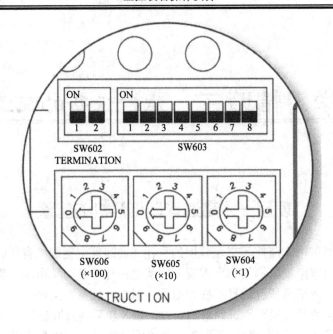

图 3.2　三星摄像机设置面板示意图

其中，SW603 的拨码#1~#4 用于指定通信协议，如图 3.3 所示，拨码#5、#6 用于设置波特率，如图 3.4、图 3.5 所示。

使用 SW603 的拨码 #1~#4 指定通信协议

	协议	PIN1	PIN2	PIN3	PIN4	PIN7
1	SAMSUNG-E(半双工)	OFF	OFF	OFF	OFF	OFF
2	SAMSUNG-E(全双工)	ON	OFF	OFF	OFF	OFF
3	VICON(半双工)	OFF	ON	OFF	OFF	OFF
4	PANASONIC(半双工)	ON	ON	OFF	OFF	OFF
5	PANASONIC(全双工)	OFF	OFF	ON	OFF	OFF
6	SAMSUNG-E	ON	OFF	ON	OFF	OFF
7	SAMSUNG-E(半双工)	OFF	ON	ON	OFF	OFF
8	BOSCH(半双工)	ON	ON	ON	OFF	OFF
9	PELCO-P(半双工)	OFF	OFF	OFF	ON	OFF
10	GE	ON	OFF	OFF	ON	OFF
11	SAMSUNG-E(半双工)	OFF	ON	OFF	ON	OFF
12	SAMSUNG-E(半双工)	ON	ON	OFF	ON	OFF
13	SAMSUNG-E(半双工)	OFF	OFF	ON	ON	OFF
14	PELCO-D(半双工)	ON	OFF	ON	ON	OFF
15	PELCO-D(全双工)	OFF	ON	ON	ON	OFF
16	VICON(半双工)	ON	ON	ON	ON	OFF
17	SAMSUNG-T(全双工)	OFF	OFF	OFF	OFF	ON
18	HONEYWELL(全双工)	ON	OFF	OFF	OFF	ON

图 3.3　通信协议图表

图 3.4　摄像机 SW603 设置面板示意图

使用 SW603 的拨码 #5、#6 设置波特率

波特率	PIN5	PIN6
2400 B/s(4800 B/s)	ON	ON
4800 B/s(9600 B/s)	OFF	ON
9600 B/s(19 200 B/s)	ON	OFF
19 200 B/s(38 400 B/s)	OFF	OFF

图 3.5　波特率设置图表

三、RS-422A/RS-485 终端设置

控制器和 RS-422A/RS-485 接通时，为了抑制信号的反射使信号可以长距离传送，应在传送线路两端根据电缆的特性设置终端阻抗，利用如图 3.6 所示的 PIN1 和 PIN2 设置终端。同时，利用如图 3.7 和图 3.8 所示设置好控制器与终端间的工作模式（半双工或全双工）。如果多台摄像机在网络分配了相同的地址，在连接这些摄像机时，可能会出现通信错误。

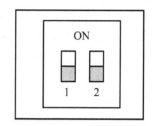

图 3.6　终端设置示意图

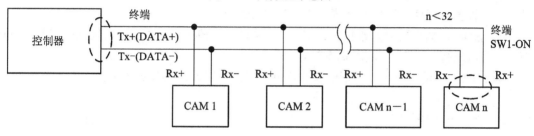

＜RS-485 Half Duplex 构成＞

图 3.7　半双工设置示意图

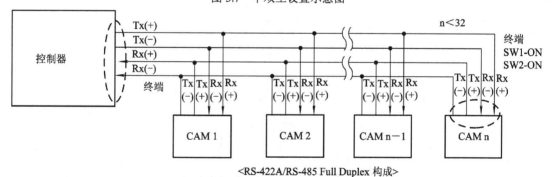

＜RS-422A/RS-485 Full Duplex 构成＞

图 3.8　全双工设置示意图

四、摄像机菜单设置

摄像机菜单的设置方法如下：

(1) 打开摄像机设置屏幕。

(2) 使用操纵杆浏览菜单。

(3) 按"Enter"键选择菜单项。

(4) 使用操纵杆更改所选项的值。

(5) 按"Enter"键应用更改。

五、OSD 图标操作

OSD(On-Screen Display)即屏幕菜单式调节方式，一般是按"Menu"键后屏幕弹出摄像机调节信息矩形菜单，通过该菜单可对显示器各项工作指标(包括色彩、模式、几何形状等)进行调整，从而达到最佳的使用状态。

OSD 图标的各项含义如下：

◀▶：如果菜单项的左侧或右侧出现这些图标，可使用操纵杆移至前一个或后一个菜单。

⊠(退出)：退出菜单设置屏幕。在退出设置屏幕前，选择"保存"以保存整体菜单设置，或选择"放弃"取消设置。

↩(返回)：保存设置并返回前一个屏幕。

⌂(主菜单)：返回到主菜单。

▤(保存)：如果要在指定遮挡区域和加密区域等项目后保存设置，则使用此图标。一旦保存了设置，即使在退出时选择"放弃"，更改也将保留。

▥(删除)：如果要删除遮挡区域或加密区域等，则使用此图标。一旦删除了设置，即使在退出时选择"放弃"，删除仍有效。

↵：此图标显示在包含子菜单项的菜单右侧，用以确定操作过程有效。

六、主要设置信息

摄像机主菜单示意图如图 3.9 所示。

图 3.9　摄像机主菜单示意图

图中各项的含义如下：

(1) 适用场景配置：选择适合摄像机安装环境的模式。

(2) 摄像机设置：配置摄像机设置。

(3) 智能：提供移动检测和跟踪功能。

(4) 加密区域：可以配置隐私设置。

(5) 预置：设置预置位置和持续时间。

(6) 自动设置：可设置摄像机的自动旋转、工作模式和扫描方式。

(7) 设置区域：设置摄像机的标准方位和区域。

(8) 报警设置：设置报警优先权和 I/O 顺序。

(9) 时间设置：设置显示时间和格式。

(10) 其他设置：重设摄像机或调节 OSD 颜色。

(11) 通讯：配置与 RS-485 通讯相关的设置。

(12) 系统信息：显示系统信息，例如摄像机版本和通讯设置。

现以"摄像机设置"为例进行介绍，其他安装根据工程实际要求进行配置即可。

(1) 选择"主菜单"→"摄像机设置"项，即出现"摄像机设置"菜单，如图 3.10 所示。

(2) 对设置进行必要的更改，或选中所需的菜单项。

(3) "摄像机识别号"用以在屏幕上显示摄像机识别号和位置。

(4) 使用操作杆选择所需的字符，然后按"Enter"键。所选字符将输入到屏幕下方的输入框中。最多可输入 54 个字符，包括字母、数字和特殊字符。"场所"指定摄像机识别码的显示位置。完成后，按"Enter"键，摄像机识别码将在指定的位置显示，如图 3.11 所示。

图 3.10　"摄像机设置"菜单　　　　　图 3.11　摄像机识别码设置示意图

(5) 其他设置安装按工程要求依次类推。

项目二　DVR 的基本配置

DVR 作为监控系统的主要组成部分，其配置是相当重要的，尤其是其基础配置，关系到录像的存储和录像节点的准确性。下面针对 DVR 的基础配置进行介绍。

一、DVR 菜单结构

本项目以海康卫视 DS-7800/8800H-S 系列为例进行介绍。DVR 的主菜单示意图如图 3.12 所示。

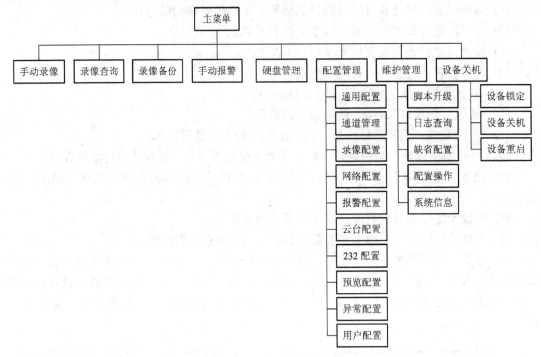

图 3.12 DVR 主菜单示意图

二、DVR 开机

  应确认接入的电压与硬盘录像机的要求相匹配，并保证硬盘录像机接地端接地良好。在开机前请确保有一台显示器与后面板上的 VGA 接口相连接，或在不连接 VGA 接口的情况下有一台监视器与后面板上的 VIDEO OUT 接口相连接，否则开机后将无法看到人机交互的任何提示，也无法操作菜单。

  若前面板电源"开关键"指示灯不亮，请插上电源，打开电源开关，设备即开始启动。若前面板电源"开关键"指示灯呈红色，请轻按前面板的电源"开关键"，设备开始启动。

  设备启动后，电源"开关键"指示灯呈绿色。监视器或显示器屏幕上将出现开机画面，如图 3.13 所示。

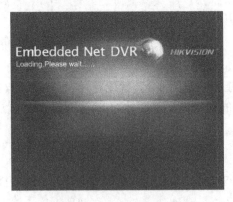

图 3.13 DVR 启动界面

三、DVR 关机

1. 正常关机

方法一：通过菜单进行关机。

(1) 进入设备关机界面("主菜单"→"设备关机")，选择"设备关机"项，如图 3.14 所示。

图 3.14 DVR 关机界面

(2) 在弹出的提示界面中选择"是"项，如图 3.15 所示。

图 3.15 DVR 关闭设备界面

方法二：通过硬盘录像机前面板或遥控器上的电源"开关键"进行关机。

若启用操作密码，按住 3 秒以上将弹出登录框，如图 3.16 所示，输入用户名及密码，身份验证通过后弹出"确定要关闭设备吗？"的提示，选择"是"项则关闭设备。

图 3.16 DVR 登录界面

注意：系统提示"系统正在关闭中…"时，请不要按电源"开关键"，否则可能出现关机过程不能正常进行。

提醒：DVR 面板上的电源按键无效时，可通过菜单进行关机操作，系统提示"请关闭电源"后，将后面的电源按键关闭。

2. 非正常关机

通过后面板开关设备时，应尽量避免直接通过后面板上的电源开关切断电源(特别是正在录像时)。

设备运行时，应尽量避免直接拔掉电源线(特别是正在录像时)。

提醒： 在某些环境下，电源供电不正常会导致硬盘录像机不能正常工作，严重时可能损坏硬盘录像机。在这样的环境下，建议使用稳压电源进行供电。

四、向导设置

通过开机向导进行简单配置，就能使设备进入正常的工作状态。

(1) 确认下次开机时是否再启用向导(□ 表示下次开机不启用向导，☑ 表示下次开机启用向导)，如图 3.17 所示，然后选择"下一步"按钮。

图 3.17　DVR 设置向导界面

(2) 权限认证。输入管理员密码(出厂默认密码为 12345)。

若需要修改密码，请勾选"修改管理员密码"项，输入新密码并确认，如图 3.18 所示。若不需要修改密码，请选择"下一步"按钮。

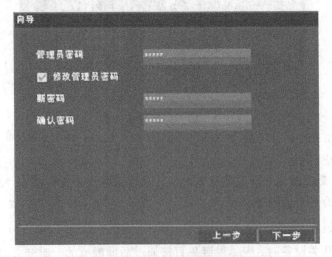

图 3.18　DVR 权限管理界面

(3) 硬盘初始化。

选择"设置"项进入硬盘管理界面，如图 3.19 所示，然后选择需要初始化的硬盘，并选择"初始化"按钮，如图 3.20 所示，完成初始化后，选择"确定"按钮返回向导界面。在"向导"界面，选择"下一步"按钮。

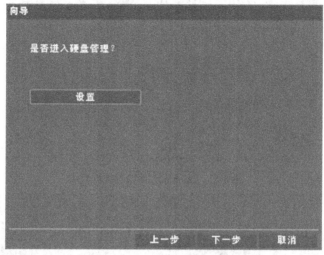

图 3.19 DVR 硬盘初始化界面(1)

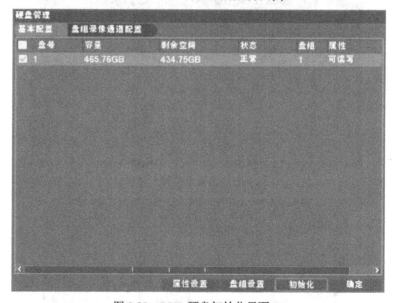

图 3.20 DVR 硬盘初始化界面(2)

(4) 录像配置。

如图 3.21 所示，选择"设置"项进入录像配置界面，如图 3.22 所示。选择"录像计划"属性页，再选择"编辑计划"，如图 3.23 所示。

勾选"录像计划有效"和"全天录像"项，如图 3.24 所示，然后选择"确定"按钮，返回"录像计划"属性页。在"录像计划"属性页，将该通道设置复制给其他或全部通道，如图 3.25 所示，选择"复制至"某个通道或"全"，再选择"复制"。完成后选择"确定"按钮，返回"向导"界面。在"向导"界面，选择"下一步"按钮。

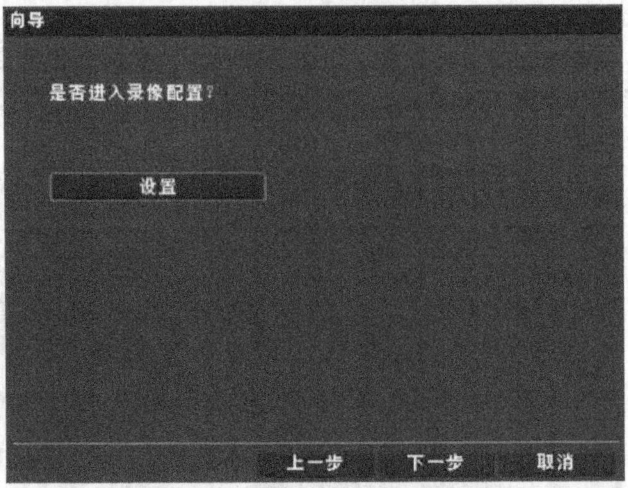

图 3.21　选择进入录像配置界面

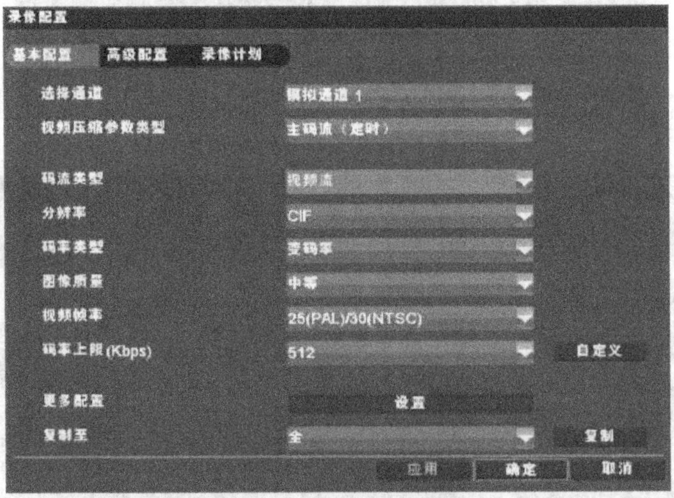

图 3.22　"录像配置"界面

图 3.23　"录像计划"属性页

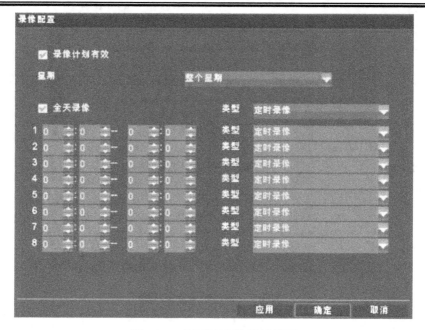

图 3.24　"录像计划"设置界面

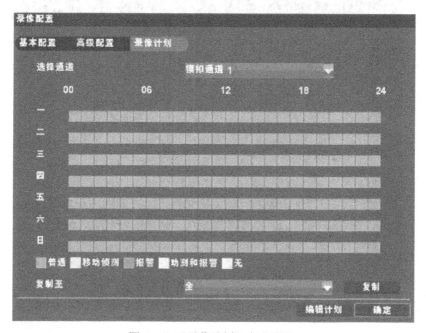

图 3.25　"录像计划"完成界面

(5) 网络配置。

若设备需要接入网络，请选择"设置"项，如图 3.26 所示，进入网络配置的基本配置界面，对设备的网络参数(IP 地址、子网掩码、默认网关等)进行设置，如图 3.27 所示。完成网络设置后，选择"确定"按钮，返回"向导"界面。

若设备不需要接入网络，请选择"完成"。

完成向导配置后可进入预览界面进行预览。

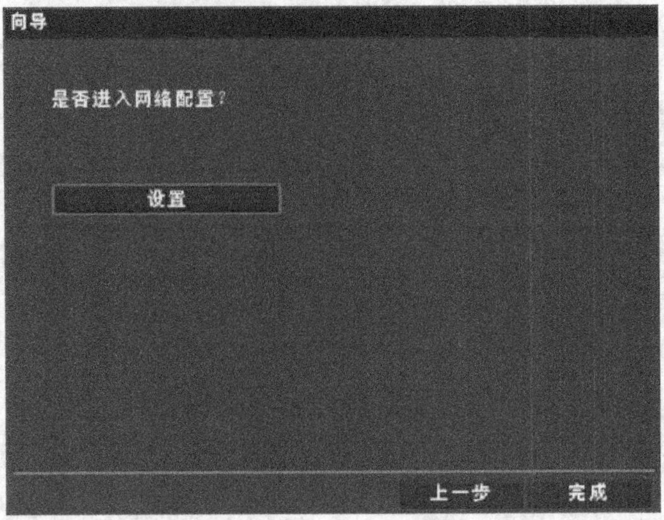

图 3.26　网络配置设置界面

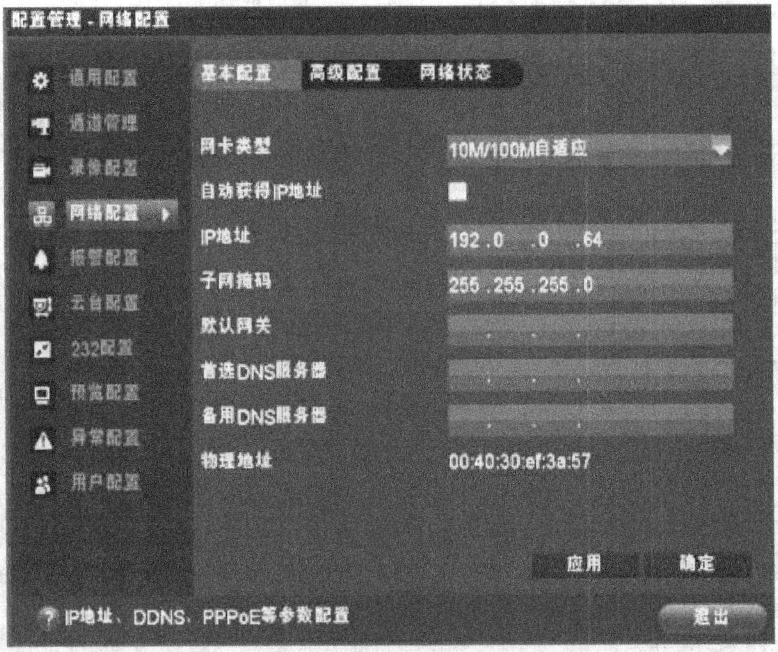

图 3.27　网络配置完成界面

五、系统时间设置

可在通用配置界面("主菜单"→"配置管理"→"通用配置")对系统时间进行设置，如图 3.28 所示。完成后选择"应用"按钮，保存设置。

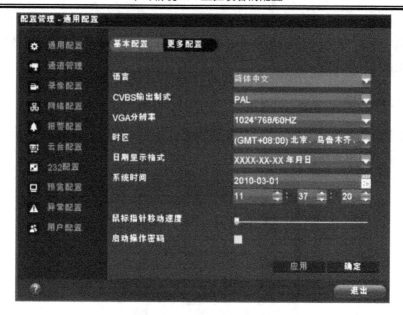

图 3.28　系统时间设置界面

项目三　DVR 的远程配置

DVR 远程配置是指本地 DVR 与远方使用软件连通后,远方使用者能对本地 DVR 的参数进行设置。远程设置应用程序通过在计算机上进行简单而速效的参数设定可快速设置本设备。当启动此应用程序后, 设备上的设置将自动下载到计算机中,并显示在计算机屏幕上。当更改了设置之后, 便可直接将更改后的设置上载到设备中。这里以目前中国监控产品中的典型设备海康卫视 iVMS-4200(V1.0)为例进行介绍。iVMS 是为嵌入式网络监控设备开发的应用程序, 适用于嵌入式网络硬盘录像机、混合型网络硬盘录像机、网络视频服务器、NVR、IP Camera、IP Dome 和解码设备以及视音频解码卡。

一、首次运行与使用

首次运行时需要创建一个超级用户,如图 3.29 所示。用户名和密码自定义,用户名和密码不能含有特殊字符 '\\/:*?\<>|,并且密码不能少于六位。

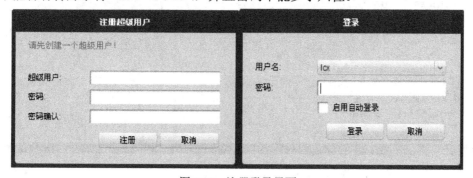

图 3.29　注册登录界面

若程序中已经注册了管理员账户，则启动软件后将显示用户登录对话窗口。输入用户名、密码后，点击"登录"即进入程序。若勾选" 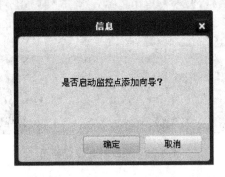 启用自动登录"，则下次登录软件时，默认以当前用户自动登录。

二、简单向导配置

若程序未添加设备，则自动弹出添加监控点向导对话窗口，如图 3.30 所示。点击"确定"按钮，则启用设备添加向导。

图 3.30 向导信息界面

(1) 按照向导提示，选择"导入监控点"，如图 3.31 所示，进入监控点导入界面。

图 3.31 控制面板

(2) 点击"添加设备"按钮，如图 3.32 所示，打开"添加设备"界面，如图 3.33 所示。输入设备的信息后，点击"添加"按钮即完成设备的添加。其中，别名为用户自定义名；地址为设备地址；端口号为设备服务器端口号；用户名为设备的用户名；多播地址项可不填。若勾选"导入至分组"，则快速添加设备到分组中。

注意：若勾选"私有域名方式"，则可通过 IP Server 解析访问设备。

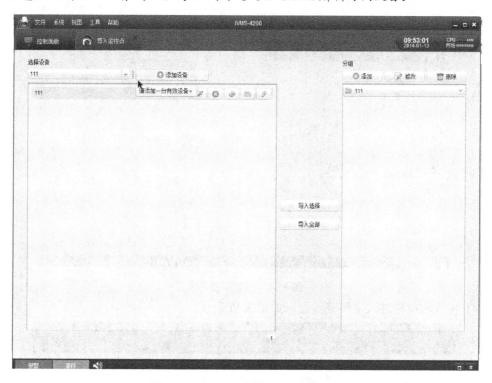

图 3.32 监控点导入界面

图 3.33 "添加设备"界面

(3) 按提示向导返回控制面板。设备添加完成后，软件自动添加一个以设备别名命名的分组，并把设备的所有通道添加到该分组中，如图 3.34 所示。

图 3.34　控制面板界面

(4) 按提示向导进入主预览界面，如图 3.35 所示。

图 3.35　主预览界面

(5) 预览。在主预览界面中，点击主工具栏中的播放键，程序将根据选中分组下的监控点数量重新进行画面分割，并打开该分组下监控点的实时预览画面，如图 3.36 所示。拖曳分组下的监控点至播放窗口，可指定播放窗口打开该监控点的实时预览画面。

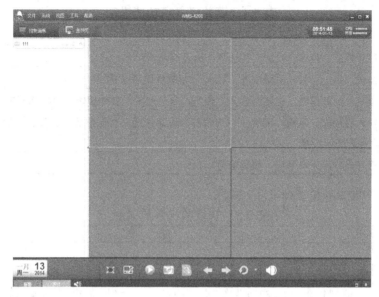

图 3.36　主预览视频节点界面

三、软件界面介绍

DVR 远程配置软件界面是面向操作者而专门设计的，用于操作使用及反馈信息，具有简便易用、重点突出、容错高等特点，如图 3.37 所示。

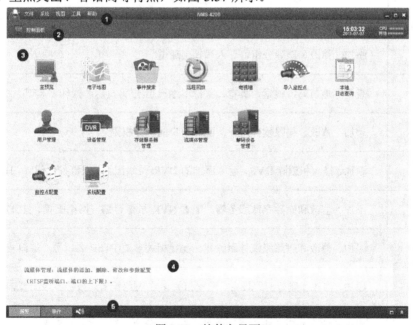

图 3.37　软件主界面

其中，❶为菜单栏；❷为标签栏，为已启动的模块；❸为功能模块；❹为模块说明，用于介绍所选模块的功能；❹为报警/事件信息列表。

菜单栏中包括文件、系统、视窗、工具、帮助六项，各项功能说明如表 3.1 所示。

表 3.1 菜单栏各项功能说明

菜单	说　明
文件	打开抓图、视频、日志文件选项，以及退出软件
系统	加锁，用户切换，系统配置，导入/导出软件配置文件
视窗	预览分辨率调整，控制面板，主预览，电子地图，事件搜索，电视墙配置
工具	导入监控点，监控点配置，用户管理，设备管理，存储服务器管理，流媒体管理，解码器设备管理，广播
帮助	打开向导，用户手册，设备信息

功能模块中的各项说明如表 3.2 所示。

表 3.2 功能模块各项说明

菜单	说　明
 主预览	实现实时预览、录像、抓图、云台控制、录像回放等操作
 电子地图	管理和显示电子地图以及热点；实现电子地图相关操作，即地图的放大/缩小、热点实时预览、报警显示等
 事件搜索	搜索和回放事件录像以及回放的相关操作
 远程回放	远程回放设备录像
 电视墙	配置和操作电视墙
 导入监控点	添加、修改和删除分组，导入和导出通道
 本地日志查询	查询本地日志，搜索、查看、备份本地日志(报警日志、操作日志或系统日志)
 用户管理	添加、修改、删除软件用户，配置用户的操作权限
 DVR 设备管理	添加、修改和删除 DVR，配置添加的 DVR(网络配置、报警参数配置、HDD 管理等)
 存储服务器管理	添加、修改和删除存储服务器，配置 NVR(录像计划、网络配置、HDD 管理等)
 流媒体管理	添加、修改和删除流媒体服务器，配置相关参数(PTSP 端口号、端口号上下限等)
 解码设备管理	添加、修改和删除解码设备，配置相关参数(网络配置、报警参数配置、异常配置等)
 监控点配置	用于监控点各项功能配置，如图像质量、录像计划、移动侦测等
 系统配置	配置软件相关参数，如文件保存路径、报警声音、E-mail 地址等

四、设备管理

在控制面板中选择"设备管理" 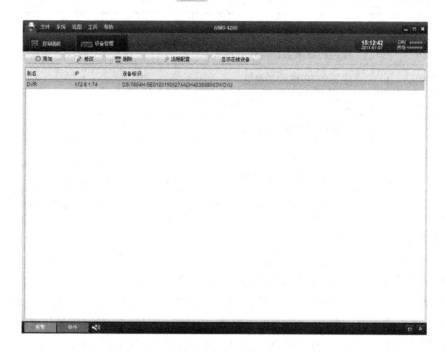，进入设备管理界面，如图 3.38 所示。

图 3.38　设备管理界面

1. 添加设备

在图 3.38 中，点击 　⊕ 添加　 按钮，弹出"添加设备"对话框，如图 3.39 所示，默认注册模式为普通 IP 方式，输入设备的 IP 地址、端口号、用户名和密码，自定义设备的名称，然后点击"确定"按钮即可完成设备的添加。

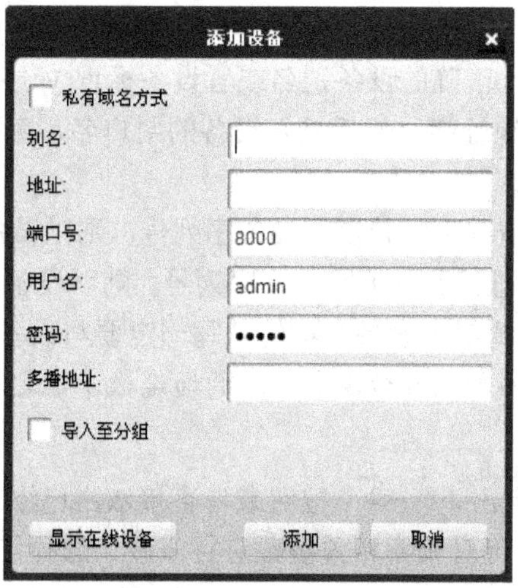

图 3.39　"添加设备"对话框

"添加设备"对话框中的各选项说明如表 3.3 所示。

表 3.3　"添加设备"对话框中的各选项说明

选项	说　　明
私有域名方式	注册模式选择，不选则默认为普通 IP、域名模式
别名	添加的设备名称，可自定义
地址	设备的 IP 或域名地址
端口号	设备端口号，默认为 8000
用户名	设备的用户名，默认为 admin
密码	设备的密码，默认为 12345
多播地址	D 类 IP 地址，采用多播方式访问时需要与设备多播地址匹配，否则可不填写
导入至分组	若勾选，则快速将该设备下的所有通道添加到一个以设备别名命名的分组中

1) 添加在线设备方式

点击 显示在线设备 按钮可搜索出与计算机接在同一个交换机下的所有在线编码器设备。选中一条搜索结果，点击"选择设备"按钮，将在"添加设备"窗口自动输入该设备的网络参数，填写自定义设备别名、设备用户名和密码，点击"确定"按钮，即可完成设备的添加。在该界面还可修改设备的网络参数，方法是选中一条搜索结果，修改 IP、掩码、端口号，输入设备密码，点击"修改"按钮，即可完成设备的网络参数修改。

2) 私有域名方式

若勾选"私有域名方式"项，则注册模式转为私有域名模式。该模式应用于公网环境下，设备没有固定的 IP 地址，需通过 IP Server 软件进行视频解析访问使用。如果设备上设置了 IP Server 服务器地址，并且 IP Server 软件正常启动，那么可以通过 IP Server 解析连接设备，软件会通过设备名称或者设备序列号从 IP Server 服务器上获取当前设备的动态 IP 地址。

在添加设备时，需填入正确的设备别名或者设备标识(如序列号)，同时将 IP Server 服务器的 IP 地址填入 DNS 地址栏，然后输入设备的用户名、密码和端口号，点击"确定"按钮即可完成设备的添加。

使用私有域名解析的情况下，若填写设备序列号，则以设备序列号到 IP Server 解析服务器获取设备的动态 IP 地址；若不填写设备序列号，则以设备别名到解析服务器获取设备的动态 IP 地址，因此该种情况下设备名称的填写一定要与设备上保存的设备名称相同。

注意：软件中最多可添加 256 台设备，总的通道数不能超过 1024 路。

2. 修改和删除设备

选择已添加的设备，点击 修改 按钮或者直接双击已添加的设备，弹出"连接设置"对话框，如图 3.40 所示，可对设备相关参数进行修改。选择已有设备，点击 删除 按钮可将设备从列表中删除。

图 3.40 "连接设置"对话框

3. 配置远程设备

选择所需设备，点击 按钮，即进入设备的远程配置界面，如图 3.41 所示。在该界面中可以查看或配置设备信息、常用参数、网络参数、报警参数、异常参数、文件、日志以及进行有关用户和硬盘的操作等。

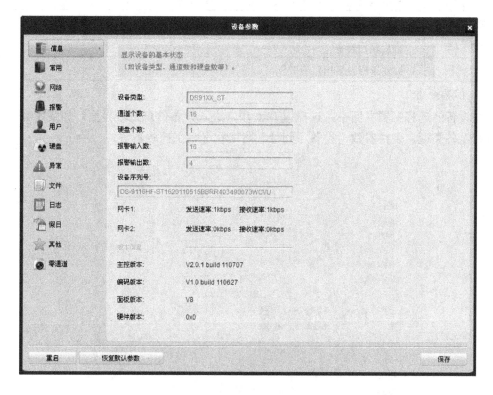

图 3.41 设备的远程配置界面

设备的远程配置界面中各有关项目的说明如表 3.4 所示。

表 3.4　设备的远程配置界面中各有关项目的说明

项目	说　　明
信息	查看设备信息，包括设备类型、序列号、通道、硬盘、报警输入/输出个数，以及设备版本信息等
常用	配置设备基本参数，包括设备名称、设备号、循环录像设置、主/辅口缩放启用和禁用等
通道	包括启用或禁用模拟通道，添加、修改或删除 IP 通道等
网络	进行网络配置，包括 IP 地址、端口号、E-mail 设置
报警	配置报警输入/输出参数，包括报警输入名称、报警输入触发方式、报警布防时间、报警联动等
用户	添加、修改、删除用户，配置用户权限
硬盘	添加、修改、删除或格式化硬盘
异常	配置设备异常参数，选择各种异常类型的报警触发方式
文件	进行设备录像文件搜索、回放或者远程备份
日志	搜索和查看日志
假日	配置当年节假日的录像或抓图计划
其他	其他参数配置，如 RS-232 设置、远程升级等
零通道	9000/9100/9600 系列设备零通道配置，包括参数配置、画面分割配置
重启	重启远程设备
恢复默认参数	恢复远程设备出厂设置

1) 信息查看

在设备的远程配置界面中，选择 信息 项，进入设备信息查看界面，如图 3.42 所示，可查看设备类型、硬件参数、设备序列号、网络状况、主控版本等。

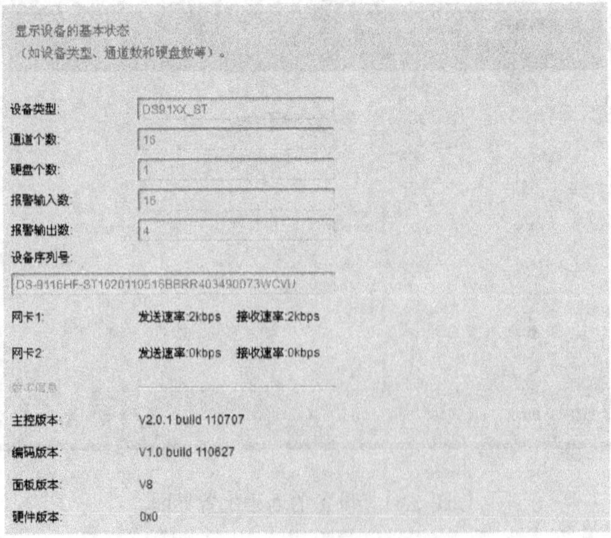

图 3.42　设备信息查看界面

说明：网卡的网络状态信息查看需要设备功能支持。

2) 常用设置

在设备的远程配置界面中，选择 ▇ 常用 项，进入设备的常用设置界面，如图 3.43 所示，可查看并修改设备名称、设备号，设置录像覆盖模式，以及启用主/辅口缩放功能。

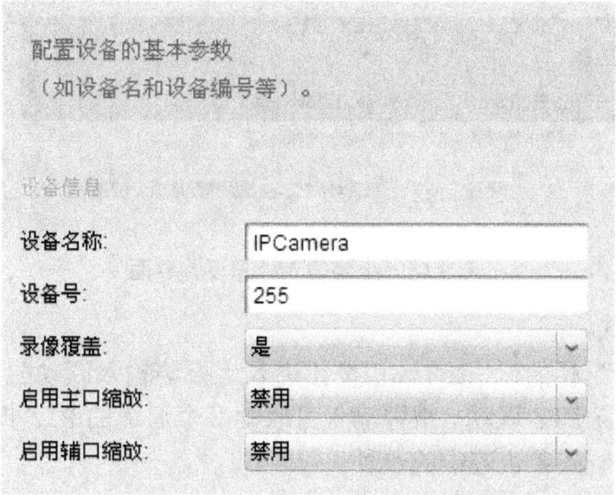

图 3.43　设备常用设置界面

说明：主/辅口缩放功能针对设备的 CVBS 输出，需要设备功能支持。

3) 报警输入

在设备的远程配置界面中，选择"报警"项，即进入设备报警输入设置界面，如图 3.44 所示，可自定义报警名称，选择报警等的状态("常开"或者"常闭")。

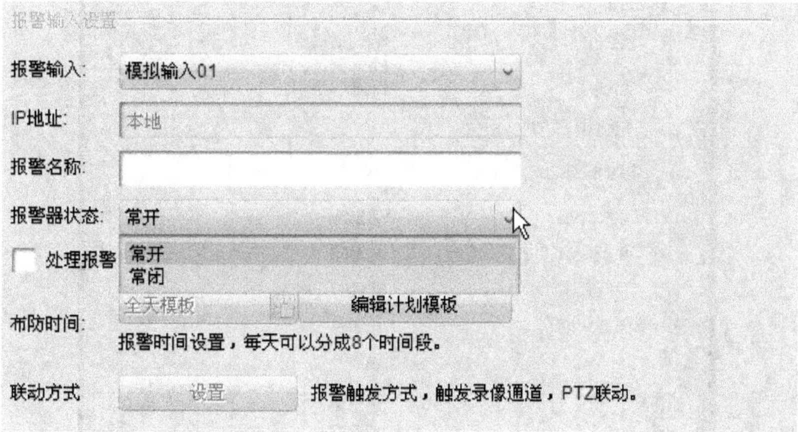

图 3.44　设备报警输入设置界面

注意：报警器状态默认为常开，修改后，需重启设备方生效。

若勾选"处理报警"项，则激活报警布防时间和联动方式设置，如图 3.45 所示。

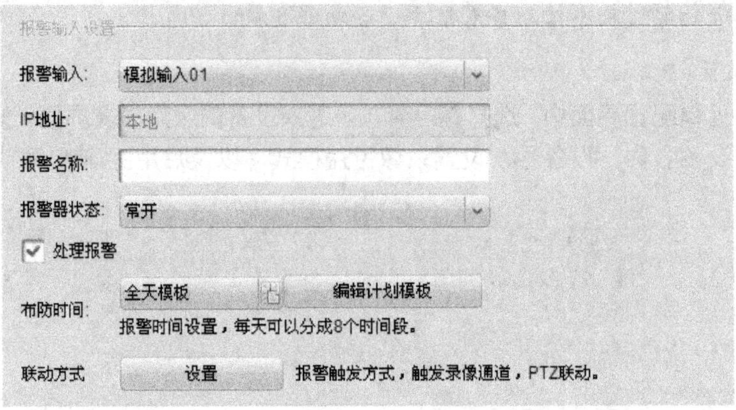

图 3.45　报警输入处理设置界面

(1) 设置联动方式。

点击"联动方式"栏的 [　设置　] 按钮进入"报警输入联动配置"界面，如图 3.46 所示，可根据需要设置 PTZ 联动。报警输入可联动多个通道的 PTZ 操作，但一个通道同时只能联动预置点、巡航或者轨迹中的一种。

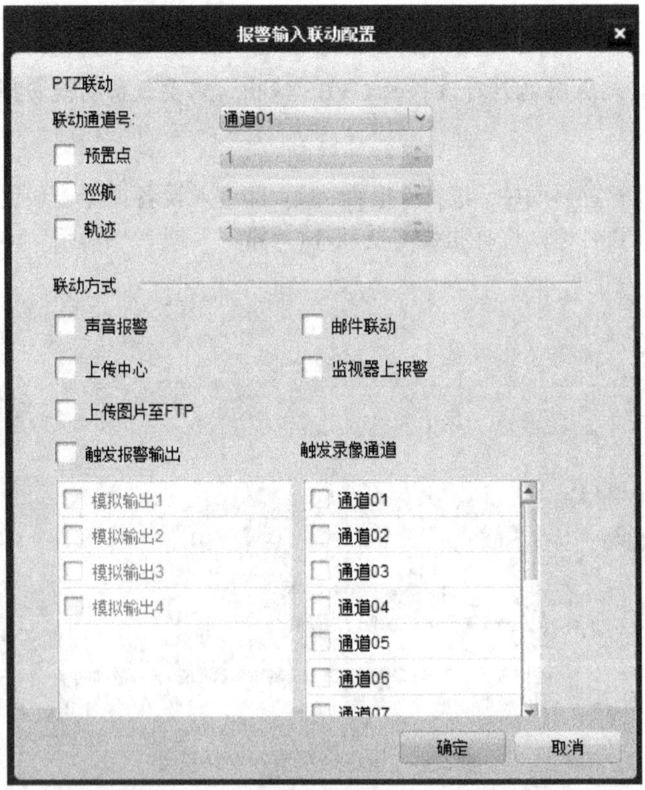

图 3.46　"报警输入联动配置"界面

联动方式栏中有多个选项，各选项的说明如下：

● 声音报警——触发音频报警。

- 邮件联动——报警联动发送 E-mail 给指定的邮箱。
- 上传中心——将报警信号通过网络上传到中心。
- 监视器上报警——将报警图像单窗口显示。
- 上传图片至 FTP——报警抓图发送至指定的 FTP 服务器。
- 触发报警输出——触发设备的报警输出。

说明：(1) 如果设置报警录像或上传图片，必须选择触发对应的通道。

　　　　(2) 上传图片至 FTP 功能需要设备功能支持。

(2) 设置布防时间。

点击"布防时间"栏的"编辑计划模板"按钮，打开"编辑计划模板"界面，如图 3.47 所示。其中，全天模板、工作日模板为固定配置，不能修改，根据需要可对模板 1 至模板 9 进行修改保存。

- 当鼠标图标变成 ![图标] 时可对时间轴进行编辑。
- 当鼠标图标变成 ![图标] 时可移动已配置录像计划。
- 当鼠标图标变成 ![图标] 时可修改已配置录像计划。

"编辑计划模板"界面中各图标的含义如下：

⊗ (删除)：删除一段选定的录像计划。

🗑 (清空)：清空该模板的所有录像计划。

🗐 (复制)：复制选中的录像计划时间段到其他时间点。

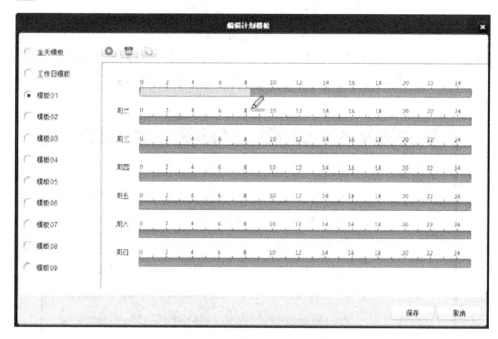

图 3.47　布防时间的"编辑计划模板"界面

注意：对于时间设置，每天最多可以分成 8 个时间段。

(3) 报警录像/抓图。

以上设置了报警输入布防时间，只是启用了检测报警输入，如果需要联动录像/抓图，还要设置录像计划。

在控制面板(图 3.31)中选择"监控点配置"项，进入报警录像配置界面，如图 3.48 所示。勾选"设备本地录像"项，然后选择录像计划模板，再点击"复制到"按钮，可选择把该监控点的录像计划复制到该分组的其他监控点中。

说明：抓图需要设备功能支持。抓图计划配置与录像计划配置相似，以下仅以录像计划配置作说明。

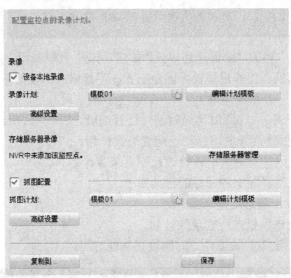

图 3.48　报警录像配置界面

点击"录像计划"区域的"编辑计划模板"按钮，打开"编辑计划模板"界面，如图 3.49 所示。其中，全天模板、工作日模板、报警模板为固定配置，不能修改，根据需求可对模板 1 至模板 8 进行修改保存。

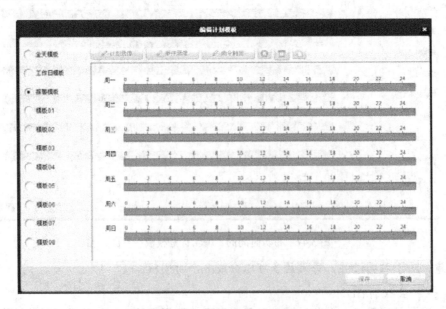

图 3.49　录像计划的"编辑计划模板"界面

报警录像需要选择默认模板"报警模板"或者手动设置"事件录像"。

关于鼠标图标的变化情况以及该界面中的图标含义可参考"设置布防时间"中的相关内容，这里就不再赘述。

注意：对于时间设置，每天最多可以分成 8 个时间段。报警录像的有效时间为该报警输入布防时间与事件录像时间的交集。

4) 报警输出

报警输出设置界面如图 3.50 所示。其中，"输出延时"是指触发报警信号撤消后延时报警输出的时间。也即报警输出时间等于触发报警信号持续时间加上输出延时时间。

图 3.50　报警输出设置界面

注意：报警输出需要设置布防时间。

关于"布防时间"的设置方法以及其中的内容可参考"报警输入"中的相关内容，这里不再赘述。

5) 用户管理

在设备的远程配置界面中，选择"用户"项，进入用户管理界面，如图 3.51 所示。

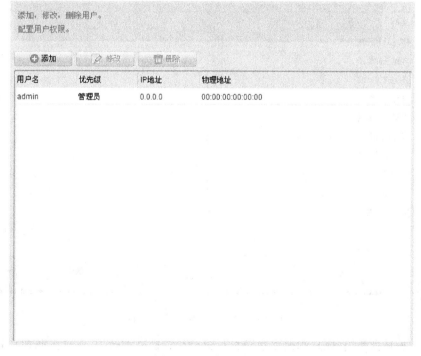

图 3.51　用户管理界面

设备(出厂时)的默认管理员用户名为 admin，密码为 12345。管理员用户通过软件可远程增加、删除用户或配置用户权限。可添加的用户级别有普通用户和操作员两个级别。

注意：两个级别的默认权限不同。对于"远程配置"权限，操作员具有"语音对讲"的权限，普通用户则没有；对于"通道配置"权限，操作员具有所有权限，普通用户仅有本地回放、远程回放权限。

图 3.51 中的三个按钮的说明如下：

"添加"按钮：添加新用户。

"修改"按钮：修改选中用户的密码以及权限。

"删除"按钮：删除选中用户。

单击"修改"按钮，可进入"用户权限"配置界面，如图 3.52 所示。通过将用户权限状态变为 ☑ 可赋予用户该项权限，状态为 ☐ 则无该项权限。针对云台控制、录像、回放等与通道相关的权限，状态为 ☑ 则赋予全部通道操作权限，状态为 ☐ 则无所有通道的操作权限。部分权限可针对设备每一个通道进行设置。若只有部分通道具有操作权限，则状态为 ▣。

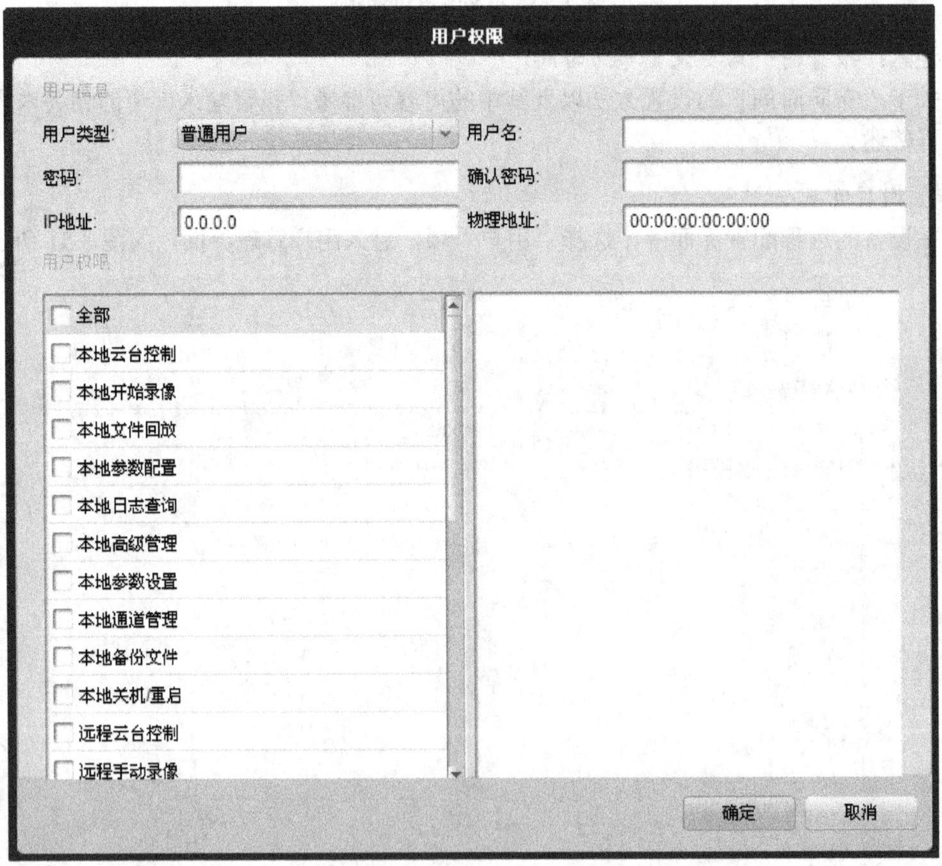

图 3.52 "用户权限"配置界面

注意：如果设置 IP 地址绑定或者物理地址绑定，则只有该 IP 地址或物理地址的 PC 才可以通过网络访问设备。

6) 硬盘管理

在设备远程配置界面中，选择"硬盘"项，进入硬盘管理界面，如图 3.53 所示。

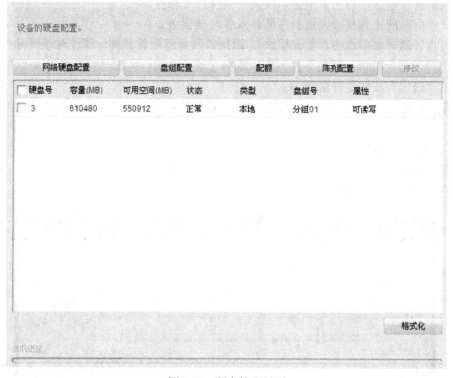

图 3.53　硬盘管理界面

- 网络硬盘配置：进行网络硬盘管理。
- 盘组配置：设置每个盘组关联的录像通道。
- 配额：设置各个通道的固定存储容量空间。
- 阵列配置：进行设备阵列配置。
- 修改：修改硬盘所属盘组、硬盘属性。
- 格式化：格式化选中硬盘。

注意：硬盘格式化后，状态显示"正常"才能正常进行录像工作。硬盘格式化操作将导致录像数据的丢失，因此请确认后再进行该操作。

选中一块硬盘，然后点击"修改"按钮，即进入"硬盘属性配置"界面，如图 3.54 所示。

图 3.54　"硬盘属性配置"界面

- 盘组号：设置该硬盘所归属的盘组号。
- 默认盘：硬盘可读写。
- 冗余盘：该盘作为冗余录像，以提高录像的可靠性。
- 只读盘：防止重要录像资料在循环录像时被覆盖。

在硬盘管理界面中点击"盘组配置"，即进入硬盘组配置界面。通过对硬盘分组可以将指定通道写入指定盘组。可在下拉列表中选择已设置盘组，勾选该盘组所需关联的录像通道，点击"确定"按钮进行保存。

注意：硬盘盘组管理功能为数据的维护与管理提供了保障，建议单个通道仅关联某一盘组。

(1) 网络硬盘配置。

在硬盘管理界面中点击"网络硬盘配置"按钮，即进入"NFS 设置"界面，如图 3.55 所示。在其中选择网络硬盘类型，填写网络硬盘参数。

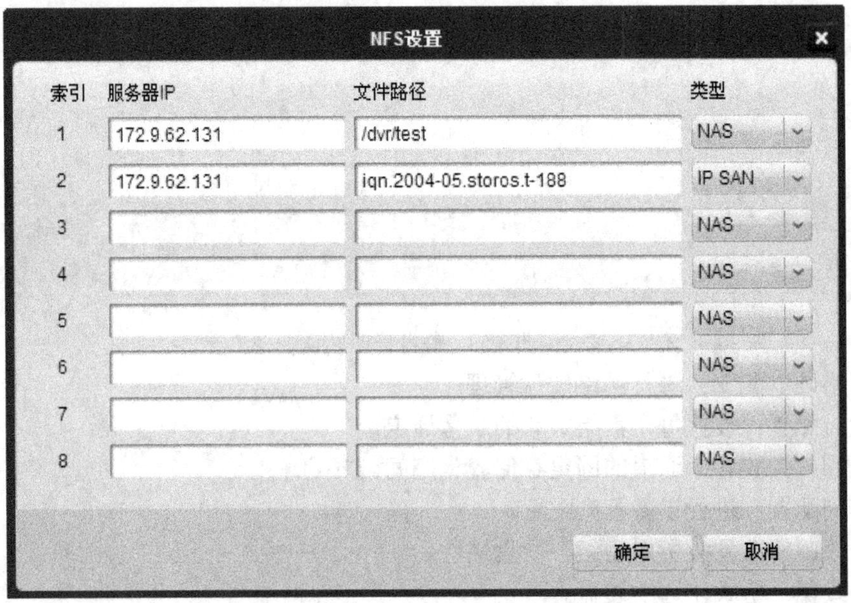

图 3.55　"NFS 设置"界面

- 类型：有 NAS(网络接入服务器)、IP SAN(存储局域网络)两种可选。
- 服务器 IP：网络存储设备的 IP 地址。
- 文件路径：/dvr/存储 DVR 卷共享名或 IP SAN 路径。

注意：

① 类型 NAS 的文件路径中的 "/dvr/" 固定填写，不可省，并区分大小写。

② 网络硬盘功能需要设备版本支持，且显示界面根据设备实际支持的 NAS、IP SAN 类型而不同。

(2) 配额。

配额存储可对通道进行固定存储容量分配，合理分配每个通道的录像存储空间。

在硬盘管理界面中点击"配额"项，即进入"磁盘配额设置"界面，如图 3.56 所示。

选择通道并设置完"录像配额"和"图片配额"的存储空间大小后,点击"确定"按钮,保存设置。其中的"总容量"为设备所有硬盘总空间的容量。

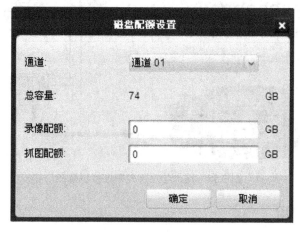

图 3.56 "磁盘配额设置"界面

说明:磁盘配额需要设备功能支持。若配额空间都为0GB,所有的通道将共同使用硬盘总容量。

项目四 视频控制矩阵配置

视频切换矩阵控制键盘是一种功能强大的多功能操作键盘,与矩阵切换/控制系统兼容。控制键盘可调用所有的摄像机、编程监视器切换序列、控制解码器如图 3.57 所示为美国动力视频切换矩阵控制键盘,本节即以此为例进行介绍。控制键盘能改变系统的时间、日期、摄像机条目并能对系统进行编程;能设置预置点和选择监视器,可控制包括巡视和报警的所有系统功能;液晶显示区显示当前受控的监视器、摄像机号以及从键盘输入的数字。控制键盘具有操作保护功能,多协议、多波特率可选。

图 3.57 美国动力视频切换矩阵控制键盘

一、键盘与矩阵主机的连接

控制键盘接线盒至系统的通信接口的连接采用普通带屏蔽的二芯双绞线,最长达1200 米。键盘与矩阵控制连接示意图如图 3.58 所示。

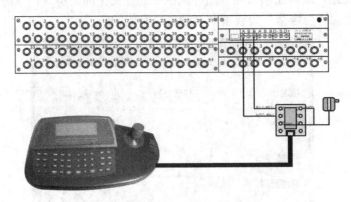

图 3.58　键盘与矩阵控制连接示意图

二、控制键盘的使用

控制键盘中各区域符号的功能如下：

数字区——用于输入摄像机号、监视器号。

CAM——选定一个摄像机。

MON——调用监视器。

F1、F2、A、B——特殊功能。

AUX——辅助功能。

ACK——确认。

RUN——运行自动切换。

HOLD——画面保持。

TIME——自动切换时间。

PROG——编辑功能。

USER——用户。

998 AUX——加锁。

OFF——关附属开关。

ON——开附属开关。

SALVO——启动一个同步分组切换。

SHOT——调用预置点。

OPEN——打开镜头光圈。

CLOSE——关闭镜头光圈。

NEAR——调整聚焦(+)。

FAR——调整聚焦(−)。

WIDE——获得全景图像。

TELE——获得特写图像。

LAST——调一个自动切换的上一摄像机。

NEXT——调一个自动切换的下一摄像机。

CLEAR——清除显示窗口的算字(主控)。

摇杆区——控制云台的上、下、左、右调整。

三、控制矩阵的切换/控制系统

1．键盘通电

用一个9 V 电源通过通讯接口盒及6 芯扁线供电,并将通讯接口盒与解码器、高速球的通讯接口正确连接,接通电源,此时通讯指示灯(CODE)闪烁(如不闪烁,则接口盒通讯线接错)。若液晶显示区显示"D—Password:",要求输入4 位键盘密码(原始密码为"0000"),输入方法为：****+ ACK。键盘密码输入正确后,数码区"D—Password:"消失,输入某个监视器号并加确认键,表明键盘已处于工作状态。控制键盘需选择协议和波特率。按左边的 F2 + A 键,屏幕显示控制协议,摇动摇杆到需要的协议,向右确认；再选择波特率,摇动摇杆到需要的波特率,向右确认。

2．控制协议

目前主流的视频监控矩阵都支持各种矩阵控制系统,能控制各种型号的球机、解码器,支持 SITO、PELCO-D、PELCO-P 等多种控制协议。SITO 为矩阵与键盘之间的控制协议,PELCO-D、PELCO-P 为矩阵控制协议(一般为 PELCO-D)。

3．调一个摄像机到受控监视器

在数字键区输入需要调用的摄像机号(对应该号应有视频信号输入),然后按键盘上的CAM 键。如在键盘上无任何显示,用户可通过监视器上的状态字符及摄像机号来确定调看操作。此时,该摄像头画面应切换至指定的监视器上。

例如调用1 号摄像机：先按数字1 键,再按 CAM 键,此时显示1 号摄像机画面。

4．控制解码器(摄像机)

摄像机云台、镜头、预置及辅助功能的操作在摄像机被调至受控监视器时起作用。若摄像机被编程为不可控制,则键盘对该摄像机的控制将无效。

5．操作云台

云台的操作步骤如下：

(1) 调要控制的摄像机至受控监视器。

(2) 偏动并保持操作杆到想要云台移动的方向,就可移动云台。矢量式云台移动的速度正比于操作杆偏离的程度,即操作杆偏离中心位置越远,云台移动的速度越快。

(3) 将操作杆移回中心位置,云台即停止转动。

6．镜头控制

键盘右边有一组按钮可控制摄像机的可变镜头,具体如下：

• CLOSE / OPEN 用于镜头光圈的电动遥控。通过这两个按钮可改变镜头的进光量,从而获得合适的视频信号电平。

• NEAR / FAR 用于镜头的聚焦控制,可使图像清晰。

• WIDE / TELE 用于改变镜头的焦距,从而获得广角或特写画面。

控制镜头的操作步骤如下：

(1) 调要控制的摄像机至受控监视器。

(2) 按想要操作的镜头功能键，就可控制镜头。

(3) 放开按键，即停止镜头操作。

7．操作备用(辅助)功能

键盘的 AUX ON / OFF 键是控制备用(辅助)功能的，具体的备用功能及功能号如下：

- 1 + AUX + ON / OFF——解码器辅助 1 开/关。
- 2 + AUX + ON / OFF——解码器辅助 2 开/关。

操作备用(辅助)功能的步骤如下：

(1) 调要控制的摄像机至受控监视器。

(2) 输入想要操作的辅助功能号码(1/2)。

(3) 按 AUX 键。

(4) 按 ON 键打开辅助功能或按 OFF 键关闭辅助功能。

8．云台扫描

按"4 + AUX + ON / OFF"键或按"8 + AUX + ON / OFF"键，则云台自动扫描开/关。

9．控制高速智能球

操作矢量摇杆时，操作杆偏离的程度正比于高速智能球运动的速度，即操作杆偏离中心位置越远，高速智能球运动的速度越快。

10．设置预置位

选择摄像机，调整好图像，主控按"F1 + B"键切换到设置功能，这时显示屏出现 SET，再按"N + SHOT + ON"键，其中 N 表示选择摄像机需输入的预置位号；副控按"N + SHOT + ON"键。

调用预置位，选择摄像机，调整好图像，主控按"F1 + B"键，切换到一般操作功能，显示屏不出现 SET，输入预置位编号，按"N + SHOT"键实现对相应的预置位的调用。如事先没设置该预置图像，监视器图像则无变化。

清除预置位(主控)，选择摄像机，按"F1 + B"键进入设置，输入需要清除的预置位编号，按 SHOT 键，再按 OFF 键，最后按"F1 + B"键退出设置。

11．编辑自动切换序列

监视器自动切换是指经过适当的编程，使在按键盘上的"0 + RUN"键后，可在监视器上自动、有序地显示一系列由编程指定的视频输入。自动切换可循环进行，也可停留在某一视频输入。

编辑自动切换序列的操作步骤如下：

(1) 调取想要自动切换的监视器号。

(2) 输入要求摄像机保持的时间(1~240 s)。

(3) 输入自动切换的起始摄像机号。

(4) 输入自动切换的结束摄像机号。

(5) 监视器自动切换开始运行。

注：进入功能设置(按"F1+B"键)，按键盘上的 PROG 键，再按 ON 键。这一步骤将去掉该监视器原有的自动切换序列，保存现有监视器的自动切换序列。按"N(非零数字键)+CAM"键，即可脱离监视器自动切换编程模式，图像停留在选定的摄像机画面上。

例如，在 3 号监视器上切换 4~9 号摄像机画面，停留时间为 2 s，具体的操作步骤为：

3 MON

2 TIME

4 ON

9 OFF

在实际工作中对自动切换序列进行编辑时，常会碰到如下几种情况。

(1) 在已编程好的自动切换队列中增加一个摄像机，可按以下步骤进行：

① 选择摄像机号。

② 按 ACK 键。

③ 按 ON 键。

(2) 在已编程好的自动切换队列中删除一个摄像机，可按以下步骤进行：

① 选择摄像机号。

② 按 ACK 键。

③ 按 OFF 键。

(3) 更改自动切换队列中摄像机的停留时间，可按以下步骤进行：

① 输入预停留时间(2~240 s)。

② 按 TIME 键。

(4) 自动切换运行状态，可按以下步骤进行：

① 输入数字 0。

② 按 RUN 键。

(5) 停止自动切换运行，可按以下方法进行：按"N(非零数字键)+CAM"键，可停止自动切换的运行，并停留在显示调用的摄像机画面；按"0+RUN"键可继续运行自动切换。

(6) 递进/递退单步切换或改变切换方向，可按以下方法进行：按 NEXT 键，则自动切换设为正序切换方向；按 LAST 键，则自动切换设为反序切换方向。

12. 设防监视器

报警可以自动地切换视频输入到视频输出上。系统可通过内置的 32 个触点接口或报警扩展接口单元来触发报警。在报警期间，荧光屏的监视器状态区将在摄像机号码下显示 Ann(nn 为报警触点号)。这些字母保持显示，直到该报警被清除。

清除报警的方式有自动清除、手动清除两种。这些清除方式可以使系统退出报警并使各监视器返回到它们报警前的工作状态。

自动清除(设防编程菜单上的 AUTO 项为 1)即报警画面自动地从它的监视器上清除。这种方式可捕捉任何瞬间的报警。一旦一个报警画面从它的监视器上清除了，则按报警触发号次序排列的下一个报警画面将显示于监视器上。如果某一摄像机画面作为一个报警画面再次出现，则对应的报警触发点必须先断开再闭合。

在手动清除(通过按 ACK 键来确认报警)方式下，各个报警画面保留在它们相应的监视器上，直到这些监视器被键盘访问，这些报警才被确认，只需按"N(报警触发点) + ARM + ACK"键即可。注意，只有当报警画面显示在那个指定的监视器上并且按了 ACK 键后，该报警画面才被清除。同自动清除方式，要使一个摄像机画面作为一个报警画面再次出现，则这个报警触发点必须先断开再闭合。

(1) 设防监视器，可按如下步骤操作：

① 按"F1 + B"键，进入设置。

② 按键盘上的 N(报警触发点)键。

③ 按 ARM 键。

④ 按 ON 键。

⑤ 按"F1 + B"键，退出设置。

例如：对 1 号防区设防，操作步骤如下：

① 按"F1 + B"键，进入设置。

② 按键盘上的 1 号键。

③ 按 ARM 键。

④ 按 ON 键。

⑤ 按"F1 + B"键，退出设置。

(2) 撤防监视器，可按如下步骤操作：

① 按"F1 + B"键，进入设置。

② 按键盘上的 N(报警触发点)键。

③ 按 ARM 键。

④ 按 OFF 键。

⑤ 按"F1 + B"键，退出设置。

例如，对 2 号防区撤防，操作步骤如下：

① 按"F1 + B"键，进入设置。

② 按键盘上的 2 号键。

③ 按 ARM 键。

④ 按 OFF 键。

⑤ 按"F1 + B"键，退出设置。

13．保存设置状态

对系统自由切换、设防、报警输出时间等的设置，如需保留在下一次开机时有效，需进行如下操作：

(1) 按"F1 + B"键，进入设置。

(2) 按键盘上的 PROG 键。

(3) 按 ON 键。

(4) 按"F1 + B"键，退出设置。

14．菜单键盘配置说明

对矩阵的简单按键编程可以通过矩阵键盘来实现，键盘的各项操作代表不同的菜单操作，具体如下：

F1 + A——进入/退出菜单编程状态。

ON 键——进入子菜单。

OFF 键——退出子菜单。

摇杆(上)——编程光标上。

摇杆(下)——编程光标下。

摇杆(左)——编程光标左。

摇杆(右)——编程光标右。

LAST——编程上一页。

NEXT——编程下一页。

RUN——编程左一页。

HOLD——编程右一页。

0～9——编程数字。

15．屏幕字符移动

欲移动屏幕上的字符，可按以下步骤操作：

(1) 调出要移动字符的监视器号。

(2) 按"F1 + B + USER"键，进入设置。

(3) 向字符欲移动的方向操作摇杆。

(4) 将字符移动到相应位置。

(5) 按"F1 + B"键，退出设置。

16．键盘配置保护

键盘配置完成后，为防止他人非法操作，可将键盘置入操作保护状态，操作方法为：按"998 + AUX"键，液晶显示区显示"D—Password"。

解除键盘操作保护的操作方法为：按"****"+ACK 键。

17．键盘密码设置

键盘密码限定为 4 位数字，如要更改键盘密码，需按如下步骤操作：

(1) 按"F1 + B"键，进入设置。

(2) 输入"990"。

(3) 按 AUX 键。

(4) 输入 4 位新密码"****"。

(5) 按 ACK 键。

注意：如果遗忘密码，可通过矩阵切换主机菜单功能中的 KEYBOARDPASSWORD 项查询。

四、键盘配置指南

对监视器的设置和摄像机的操作可以通过矩阵键盘来实现，键盘的多键组合代表不同的操作，具体如下：

N + MON——选择监视器。

　　N + CAM——选择摄像机。

　　0 + RUN——自由切换。

　　N + MON + N + TIME——自由切换时间。

　　N + MON　N1　ON / N2　OFF——自由切换始/末。

　　N + ACK + OFF/ON——屏蔽/加入图像。

　　N + RUN/SALVO——单组/同步切换。

　　LAST——向前切换。

　　NEXT——向后切换。

　　N + HOLD——图像保持。

　　(F1 + B)+ PROG + ON——保存设置状态。

　　(F1 + B)+ N + ARM + ON / OFF——设防/撤防。

　　N + ARM + ACK——报警清除。

　　DVR + ON/OFF——报警联动开/关。

　　DVR + N + TIME——报警联动时间。

　　N + ARM + C + ON/OFF——设 / 撤防状态查看/退出。

　　ARM + RUN——运行报警切换。

　　(F1+B) + USER + 操纵杆——字符移动。

　　N + CAM + 操纵——云台方向。

　　N + CAM　CLOSE/OPEN——光圈 –/+。

　　N + CAM　NEAR/FAR——聚焦 –/+。

　　N + CAM　WIDE/TELE——变倍 –/+。

　　1 + AUX + ON/OFF——辅助 1 开/关。

　　2 + AUX + ON/OFF——辅助 2 开/关。

　　4 + AUX + ON/OFF——云台自动扫描开/关。

　　N + SHOT + ON——设置预置位。(先按 "F1 + B" 键进入 SET 状态，设置完毕按 "F1 + B"
键退出)

　　N + SHOT + ACK——调用预置位。

　　999 + AUX——蜂鸣器开/关。

　　998 + AUX——系统键盘上锁。

　　F1 + B——键盘设置。

　　F1 + A——进入主菜单。

　　F2 + A——选择协议波特率。

项目五　MMoIP 编解码业务配置

　　MMoIP (Multi-Media over Internet Protocol)，通俗地说，就是网络多媒体，是将模拟的
音/视频经过压缩与封包之后，以数据封包的形式在 IP 网络上进行传输。北京欧迈特数字
技术有限责任公司采用视频压缩、光电组网和工业以太网交换传输等技术开发的 MMoIP

数字光网络综合传输系统平台的独特之处在于：采用前端低功耗、无风扇散热设计，自带千兆工业以太网传输系统，支持存储转发功能，可实现线速无阻塞数据交换等以太网交换功能；采用先进的编解码技术 H.264/MPEG2 等，集视频编解码、子速率业务接入、音频广播对讲、开关量信息接入和数据全光传输为一体的多媒体传输平台；支持服务器掉电、掉线保护机制，拥有自主知识产权的极快速自愈环网技术，完善的电路保护、温度保护和抗电磁干扰、即插即用等性能，齐备的网管手段，可确保在各种恶劣工业环境下长期稳定、可靠、安全使用。目前，MMoIP 系列已经推出局端设备 MMoIP-L16、远端设备 MMoIP-R04 和 MMoIP-R06。本项目主要围绕现有的典型的视频编解码设备进行描述。

一、登录视频编解码设备

在 IE 的地址栏中输入 http://192.168.1.xx，按下回车键即可进入到登录界面，如图 3.59 所示。

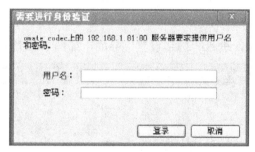

图 3.59　欧迈特编解码设备登录界面

输入用户名和密码后即可进入具体的配置界面。考虑到编解码器的特性，编码和解码各显示不同的配置界面，下面先介绍编码的配置方法，再介绍解码的配置方法。

二、视频编码设备设置

进入编码设备主界面，如图 3.60 所示。

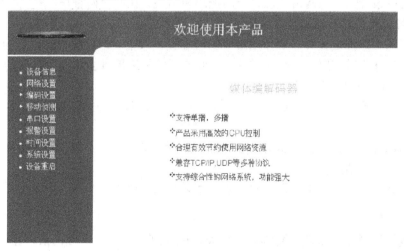

图 3.60　欧迈特编码设备主界面

在主界面左侧有 9 个配置项，分别介绍如下。

1. 设备信息

"设备信息"项显示了设备基本的信息，如设备类型、软件版本、硬件版本等。通过网页登录后，可以查看与设备相关的信息，如图 3.61 所示。

图 3.61　"设备信息"界面

2. 网络设置

点击"网络设置"项，进入"网络设置"界面，如图 3.62 所示。

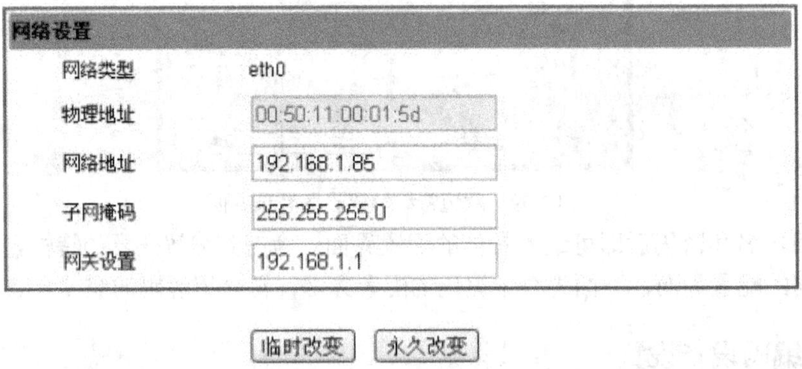

图 3.62　"网络设置"界面

在此可以设置具体的网络地址、子网掩码和网关。在此有两种情况：

1) 临时使用的网络地址

将需要的网络地址设置好后，点击"临时改变"按钮，即可使用修改后的网络地址。此网络地址只作临时使用，当系统重启后，修改后的网络地址会还原为以前的网络地址。

2) 永久用的网络地址

将需要的网络地址设置好后，点击"永久改变"按钮，新的 IP 地址会永久保存，系统 IP 也会更改。

如果想继续操作设备设置参数，需用新的 IP 地址重新登录，否则会出现无法打开新的页面或一直连接的情况。

注意：请按上述步骤操作，否则会出现不可预知的错误。

3. 编码设置

在编码设置界面可以设置编/解码流的发送/接收地址，以及进行视频设置、音频设置和 OSD 设置，如图 3.63 所示。

视频、音频编码目的地址

目的地址1 [192.168.1.76]　　　端口 [12000] (7000~65000)

目的地址2 [　　　]　　　端口 [　　　] (7000~65000)

☑音频编码开启

音频解码本地地址

本地地址 [127.0.0.1]　　　端口 [12000] (7000~65000)

☑音频解码开启

视频设置

亮度	0	(-128~127)	色度	0	(-128~127)
对比度	102	(-128~127)	饱和度	120	(-128~127)
锐化	-126	(-128~127)	制式	NTSC	(重启生效)
帧率	25	(帧/秒)(5~25)	比特率	2048	(K/秒)(16K~20M)
帧间隔	25	(0-1000)	分辨率	CIF	(重启生效)
速率控制模式	VBR		编码宽度	704	

音频编码设置

| 编码格式 | G711A | | 采样率 | 8k |
| 声道 | MONO | (单声道) | | |

图 3.63　编码设置界面

1) 编解码流地址设置

在音/视频编码设置中，第一路视频表示平台视频流，第二路表示自定义地址视频流。根据具体的要求填写相应的 IP 地址和端口号，"目的地址"和"端口"为需要将数据流发送到的地址，"本地地址"为本地设备接收 IP 地址，"端口"自定但必须匹配。点击"应用"按钮之后，即为单播播放视频配置。

例如：第一路发往平台，平台的目的 IP 地址是 192.168.1.76，端口是 12000。打开测试软件，输入 URL，在流路径设置窗体里输入 udp://192.168.1.76:12000，即可看到图像在窗口内出现；第二路发向解码卡，解码卡的网络地址是 192.168.1.85，端口号是 13000，在解码卡的"音视频解码设置"的本地 IP 中设置本地的 IP 地址，端口为编码卡发送的端口号 13000。此时监视器即可显示视频。

若是流目标 IP 为 224.0.0.0 以上，端口自定，点击"应用"按钮之后，即为组播播放视频发送配置。在音视频编码与视频解码设置中，开启音视频编码与视频解码，接收地址为 127.0.0.1，端口自选，即为单播音视频。

2) 视频设置

在"视频设置"界面有很多选项，下面介绍几个重要的选项。

• 制式：有 PAL 和 NTSC 两种，选择其一即可。

• 分辨率：有 D1、CIF、HD1、QCIF 几种，选择其一即可。

- 速率控制模式：有 VBR 和 CBR 两种，选择其一即可。
- 编码宽度：可设为 704 或 720，根据项目具体设置。

注意：制式须在编码宽度和分辨率设置完重启后方生效。

3) 音频编码设置

在"音频编码设置"界面，根据具体的要求可选择不同的"编码格式"，完成后点击"保存"按钮即可使用，其"采样率"会自动匹配。

4) OSD 设置

OSD(On-Screen Display)即屏幕菜单式调节方式。用户可以选择显示或取消时间和文字在图像上的显示，并且设置时间和文字的具体坐标。时间和文字的横、纵坐标值均是 4 的倍数，如图 3.64 所示。字体颜色、背景颜色、透明度都可以根据需要进行设置。注意时间和文字的横、纵坐标不能设置重复，否则会显示错误。修改好之后点击"应用"按钮，则正在播放的图像上所显示的时间和文字会有变化。

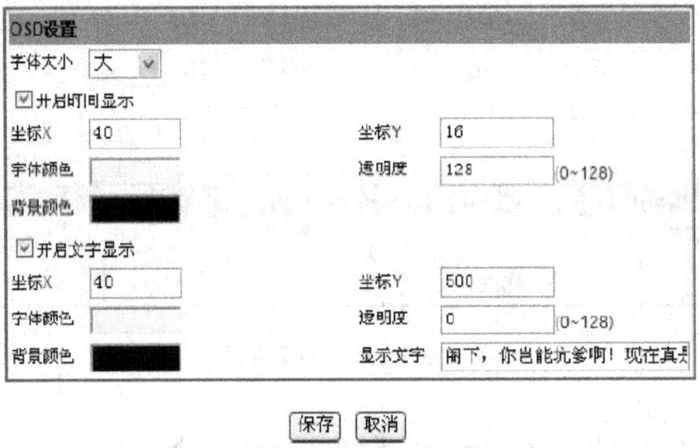

图 3.64　"OSD 设置"界面

对于字体颜色、背景颜色的设置，只需点击相应的文本框，就会有调色板弹出，选择确认后，文本框内还会有数字提示，用户无需修改，即可选择所需的颜色，完成后，点击"保存"按钮即可。

对于字体大小的设置，只需选择相应下拉条内的值即可。

4. 移动侦测

点击"移动侦测"项，进入"移动侦测"设置界面，如图 3.65 所示。

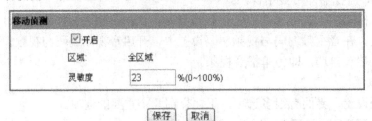

图 3.65　"移动侦测"设置界面

在界面中，选择"开启"项，设置合适的灵敏度，再点击"保存"按钮即可使用移动侦测功能。灵敏度数值设置得越小，图像变动时，移动报警越频繁；灵敏度数值设置得越大，图像变动时，移动报警越稀少。

5. 串口设置

在"串口设置"界面有三个设置模块，即 RS232、RS485-1 和 RS485-2，如图 3.66 所示。

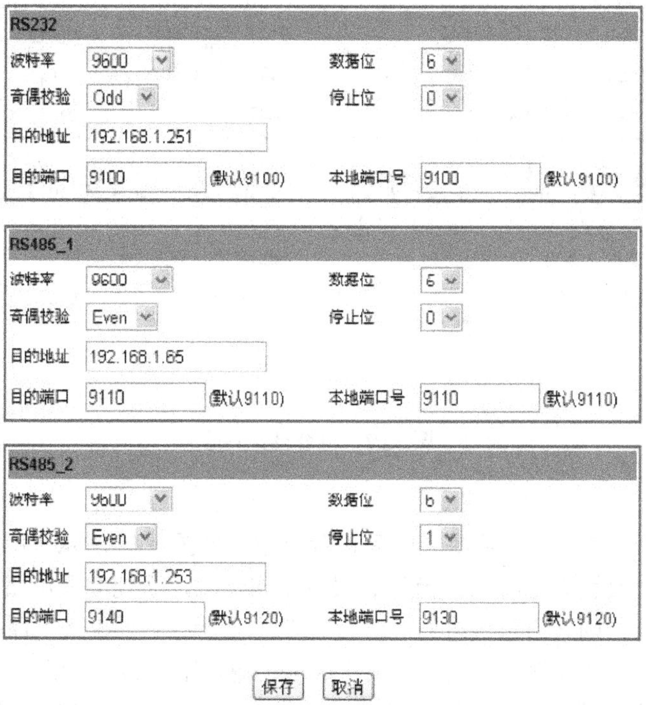

图 3.66　串口设置界面

三个模块中所需配置的选项类似。

● 波特率：有 1200、2400、4800、9600、19 200、38 400、57 600、115 200 几种，根据具体的需要选择其一即可，但需确定和串口终端采用相同的波特率。

● 数据位：有 5、6、7、8 几种，根据具体的需要选择其一即可。

● 奇偶校验：有 None、Odd、Even 几种，根据具体的需要选择其一即可。

● 停止位：有 1、0 两种，根据具体的需要选择其一即可。

● 目的地址：填写具体的目的地址即可。

● 目的端口：默认为 9100，可以更换，建议为 10 000 以上、65 535 以下。

● 本地端口号：默认为 9100，可以更换，建议为 10 000 以上、65 535 以下。

6. 报警设置

点击"报警设置"项，进入报警设置界面，如图 3.67 所示。

在界面中，可根据需要开启视频丢失报警、视频遮挡报警、DI 报警和 DO 报警，其中 DI 报警和 DO 报警要根据具体的需要设置初始条件和报警条件。

视频报警
☑ 视频丢失报警开启   □ 视频遮挡报警开启

DI报警设置
☑ DI报警
DI序号   DI0   报警条件   低电平触发 ▽
☑ 对设备
目的地址1   192.168.1.67   端口1   13001   (默认13000)
目的地址2   192.168.1.68   端口2   13001   (默认13000)
目的地址3   192.168.1.69   端口3   13002   (默认13000)

DO输出设置
☑ DO输出开启
DO序号   DO0   输出条件   低电平 ▽
本地地址   127.0.0.1   端口   14000   (默认13000)

保存 取消

图 3.67   报警设置界面

7. 时间设置

点击"时间设置"项后,将进入时间设置界面,如图 3.68 所示,用户可以选择采用服务器时间或者手动设置系统时间。当开启服务器同步时,系统会采用服务器时间,如果无法获得服务器时间,则采用系统时间。进行相应的设置后,系统采用保存后的时间。

● 服务器同步:选择使用"同步开启"选项,输入服务器 IP 地址,系统读取相应服务器的时间。"同步间隔"是系统与服务器的同步间隔,同步间隔的单位是秒。点击"保存"按钮即可实现与网络时间同步的功能(在同步之前请确保服务器可用)。

● 手动设置:当采用手动设置时,选择需要设置的时间,然后点击"保存"按钮,即可采用手动设置的时间。设置后的网页显示时间与系统时间无关。

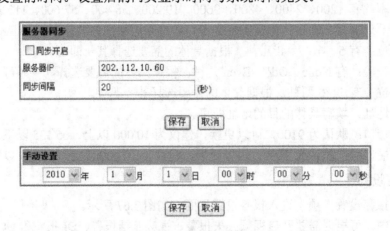

图 3.68   时间设置界面

8. 系统设置

点击"系统设置"项，进入系统设置界面，如图 3.69 所示。

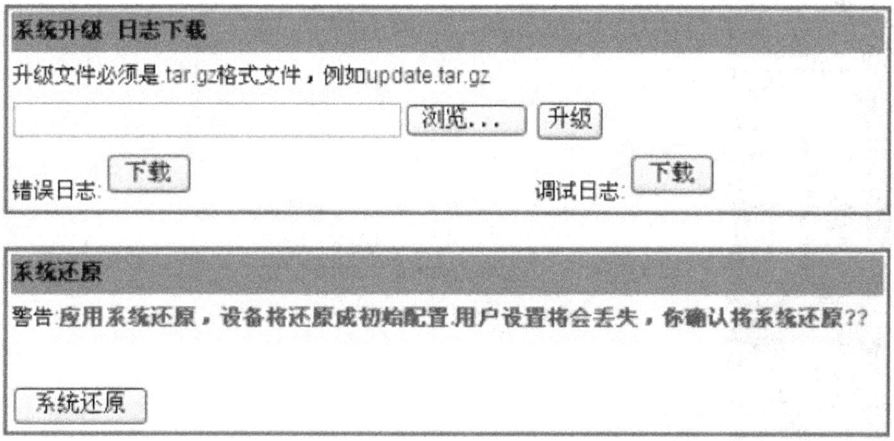

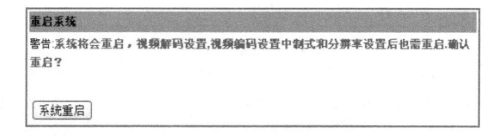

图 3.69　系统设置界面

(1) 在线升级：点击"升级"按钮后，选择需要升级的*.tar.gz 格式的文件，点击"应用"按钮之后，将进行在线升级。升级过程中需要等待文件上传，当文件升级成功后会有提示信息。

(2) 下载日志：点击需要下载的日志，根据提示选择日志下载的位置，然后即可查看。

(3) 系统还原：点击"还原"按钮后，系统将恢复先前的设置。请谨慎操作该项。

9. 设备重启

点击"设备重启"项后，即出现图 3.70 所示的界面，系统将会重启。一些相应的设置必须在重启后才能生效。出现功能异常时也可使用该项能。

图 3.70　系统重启设置界面

三、视频解码设备设置

输入用户名，登录到解码卡，即可进入解码设备主界面，如图 3.71 所示。在界面的左侧有 9 个配置项，其中的网络设置、串口设置、报警设置和系统设置等与编码设备主界面中的对应项是一样的，可参考进行设置。下面主要介绍与编码设备主界面中不同的几项。

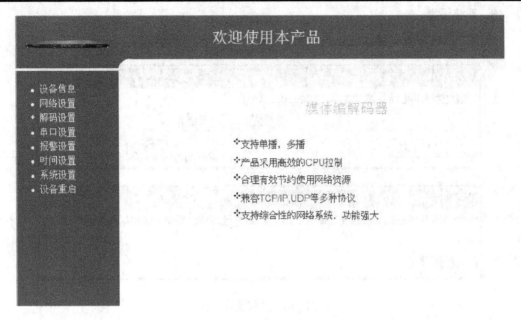

图 3.71　欧迈特解码设备主界面

1. 设备信息

点击"设备信息"项，进入"设备信息"界面，如图 3.72 所示。在该界面中可以查看设备型号、软件版本、硬件版本等信息。

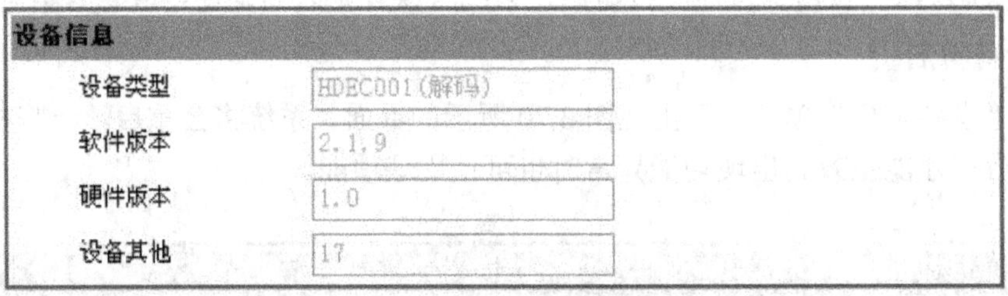

图 3.72　"设备信息"界面

2. 解码设置

点击"解码设置"项后，进入解码设置界面，如图 3.73 所示，其中有编解码流发送地址设置、视频解码设置和音频解码设置。

1) 编解码流地址设置

在编解码流地址设置界面，上半部分主要设置音频的编码发送地址和端口，第一路为平台流地址和端口，第二路为自定义流地址和端口，根据具体需要设置即可；下半部分为音频接收地址和端口，根据具体情况设置即可。音视频流转发功能，可把视频流接到后直接转发给别的设备。

2) 视频解码设置

在视频解码设置界面，制式有 PAL 和 NTSC 两种，选择其一即可。其余的选项可根据提示选择，颜色设置完成后保存即可。解码宽度可设为 704 或 720，可根据具体项目设置。

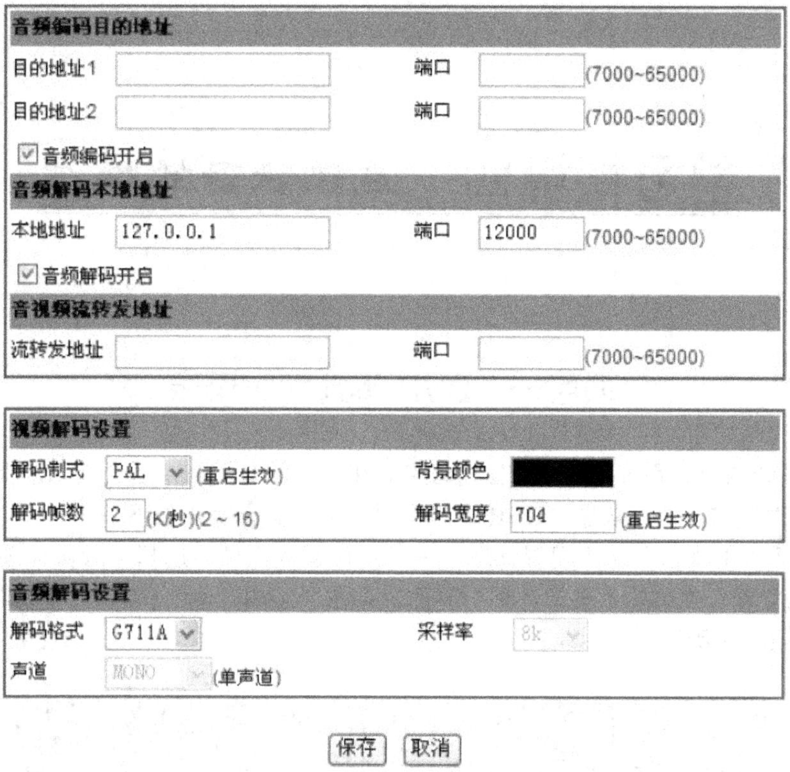

图 3.73　解码设置界面

3) 音频解码设置

选择不同的解码格式，其采样率会有不同的变化，可根据具体的需求选择不同的选项。

学习情境四　监控设备的操作

项目一　DVR 本地定时录像

DVR 系统内根据系统时间装有定时装置，在设定的时间到来后会自动录像，将具有潜在危险性的时间节点进行录像。DVR 本地定时录像的具体操作如下：

(1) 选择"主菜单"→"配置管理"→"录像配置"项，选择"录像计划"属性页，进入"录像配置"菜单的"录像计划"界面，单击"编辑计划"按钮，选择采用定时录像的通道，如图 4.1 所示。

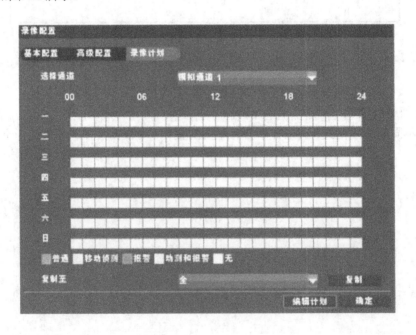

图 4.1　"录像计划"界面

(2) 设置定时录像时间计划表。在图 4.2 中，选中"录像计划有效"复选框，选择"星期"为周内某一天或整个星期，可对这天或整个星期进行配置。若需要全天录像，选中"全天录像"复选框设置录像时间段，最多 8 个。

注意：若选择分时段录像，各时间段不可交叉或包含。

单击"确认"按钮，完成该通道录像设置。若还需为其他通道设置定时录像，请重复第(1)、(2)步；若其他通道配置与该通道一致，请进行第(3)步。

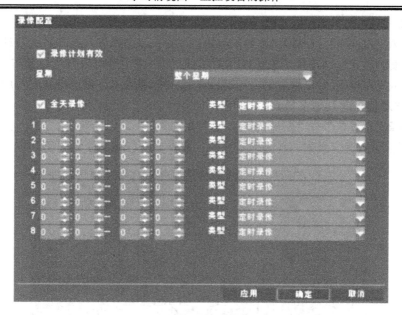

图 4.2 录像通道设置界面

(3) 该通道录像呈现 7×24 小时普通录像状态。若其他通道与该通道录像计划设置相同，将该通道的设置复制给其他通道。选择"复制至"为"其他通道"或"全"，然后单击"复制"按钮，如图 4.3 所示。

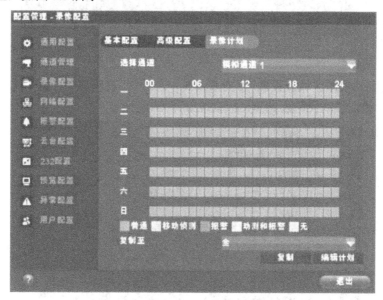

图 4.3 录像计划的普通录像界面

项目二 DVR 本地移动侦测

移动侦测一般也叫运动检测，常用于无人值守监控录像和自动报警。通过摄像头按照不同帧率采集得到的图像会被 CPU 按照一定的算法进行计算和比较，当画面有变化时，如有人走过，镜头被移动，计算和比较结果得出的数字超过阈值，指示系统自动作出相应的处理。移动侦测技术是运动检测录像技术的基础，允许使用者可以自由设置布防/撤防时间、侦测的灵敏度和探测区域，触发时应可联动录像、报警输出、摄像机转到相应的预置位。DVR 本地移动侦测的具体设置如下：

(1) 选择"主菜单"→"配置管理"→"通道管理"项，如图 4.4 所示，选择"高级配置"属性页，进入通道配置的高级配置界面，选择要进行移动侦测的通道。

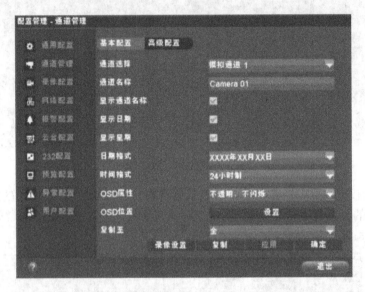

图 4.4　通道配置的"基本配置"界面

(2) 设置移动侦测区域及灵敏度。在图 4.5 中，选中"视频移动侦测"复选框，选择"区域设置"项，进入移动侦测区域和灵敏度设置界面。

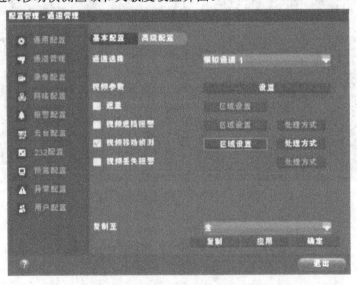

图 4.5　通道配置的"高级配置"界面

设置移动侦测区域，如图 4.6 所示。按"多画面"键可将移动侦测区域最大设置至全屏。设置移动侦测区域时，运动物体呈现高亮显示状态，可用于测试。

图 4.6　侦测区域选择界面

如图 4.7 所示，设置该通道的移动侦测灵敏度。

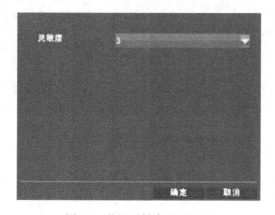

图 4.7　侦测灵敏度设置界面

说明：灵敏度的数值越大，移动侦测的检测就越灵敏。

(3) 触发录像通道。在图 4.8 中，选择"处理方式"项，进入"处理方式"界面。

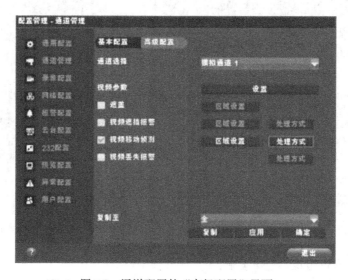

图 4.8　通道配置的"高级配置"界面

　　选择"触发录像通道"属性页，进入触发录像通道界面，如图 4.9 所示，选中该通道在移动侦测发生时触发的录像通道复选框，然后单击"确定"按钮，完成该通道的移动侦测设置。若还需为其他通道设置移动侦测，请重复(1)、(2)、(3)步。

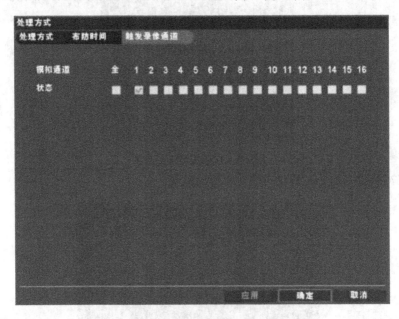

图 4.9　触发录像通道选择界面

　　说明：录像通道默认为当前通道。

　　(4) 将该通道的设置复制给其他通道。若其他通道的配置与该通道一致，请选择"复制至"为"其他通道"或"全"，然后单击"复制"按钮，如图 4.10 所示。

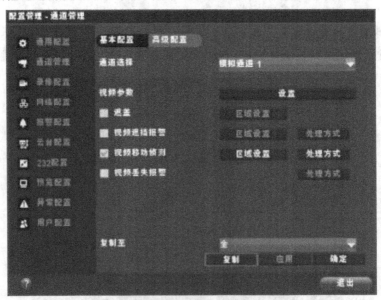

图 4.10　通道触发复制界面

　　说明：触发录像通道不能被复制。

　　(5) 选择"主菜单"→"配置管理"→"录像配置"项，选择"录像计划"属性页，进入"录像配置"菜单的"录像计划"界面，单击"编辑计划"按钮，如图 4.11 所示。

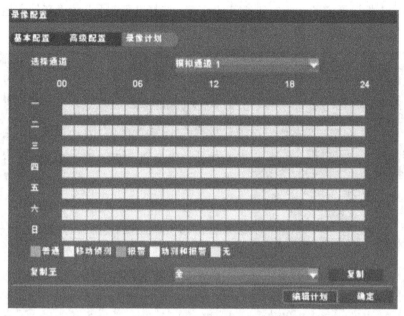

图 4.11　通道触发录像界面

(6) 设置移动侦测录像时间计划表。在图 4.12 中，选中"录像计划有效"复选框，选择"星期"为周内某一天或整个星期，配置将对这一天或整个星期生效。将"类型"选择为"移动侦测"。若需要全天录像，则选中"全天录像"复选框，设置录像时间段，最多 8 个。注意，若选择分时段录像，各时间段不可交叉或包含。然后单击"确定"按钮，即完成该通道录像设置。若还需为其他通道设置移动侦测录像，请重复(5)、(6)步；若其他通道配置与该通道一致，请进行第(7)步。

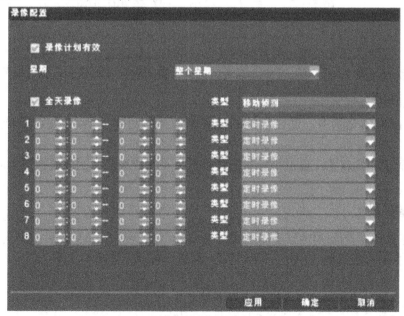

图 4.12　侦测录像计划操作界面

(7) 该通道录像呈现 7×24 小时移动侦测或报警录像状态。若其他通道与该通道录像计划设置相同，将该通道的设置复制给其他通道。选择"复制至"为"其他通道"或"全"，然后单击"复制"按钮，如图 4.13 所示。

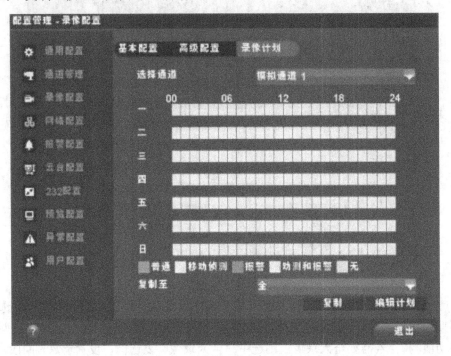

图 4.13　移动侦测录像计划完成界面

项目三　DVR 本地录像资料回放

DVR 上存储了管理员设定的准确的实际时间节点录像文件，以及相应的录像配置文件，在有特殊情况发生时，可以开启录像资料回放，查阅相关视频资料。具体操作步骤如下：

1. 鼠标操作

(1) 单画面预览状态：通过鼠标右键菜单选择"回放"项，回放当前预览通道的录像。

(2) 多画面预览状态：通过鼠标右键菜单选择"回放"项，回放鼠标指针所在通道的录像。

2. 前面板操作

DVR 录像回放界面(前面板)如图 4.14 所示。

(1) 单画面预览状态：单击"放像"键，回放当前预览通道的录像。

(2) 多画面预览状态：单击"放像"键，回放右上角第一个通道的录像。

提醒：回放的录像为通道 5 分钟内的录像文件。

说明：回放过程中，可通过前面板数字键切换回放通道。

图 4.14　DVR 录像回放界面

录像资料可实现按日历回放，方法是：回放中，在通道窗选择需要回放的通道及日期，单击 ▣ 键停止正在回放的录像，单击 ▶ 键或在通道窗中双击有录像的日期，开始该日期内的录像回放。

提醒:

① 若该通道当前日历选中当天没有录像文件，则回放失败;

② 支持单路回放;

③ 前面板无法实行通道窗的操作，请使用鼠标操作;

④ 通过通道窗选择后的录像回放，回放的是所选日期全天的录像文件。

项目四　DVR 本地录像资料备份

如果系统的硬件或存储媒体发生故障，"备份"工具可以保护视频数据免受意外的损失。例如，可以使用"备份"创建硬盘中视频数据的副本，然后将视频数据存储到其他存储设备。备份的存储媒体既可以是逻辑驱动器(如硬盘)、独立的存储设备(如可移动磁盘)，也可以是由自动转换器组织和控制的整个磁盘库或磁带库。如果硬盘上的原始视频数据被意外删除或覆盖，或因为硬盘故障而不能访问该数据，那么可以十分方便地从存档副本中还原该视频数据。

DVR 本地录像资料备份的具体操作如下：

(1) 选择"主菜单"→"录像备份"项，进入"录像备份"界面，如图 4.15 所示。设置查询条件，单击"备份"按钮，进入录像查询列表界面。

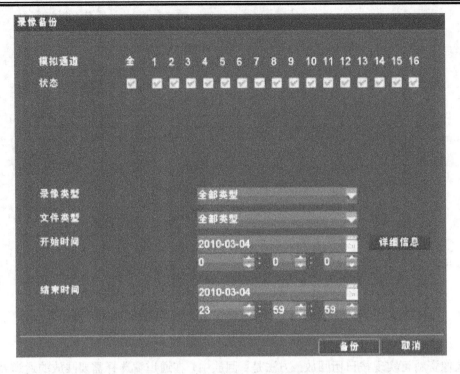

图 4.15　DVR 录像备份设置界面

(2) 选择需要备份的录像文件。若要对所需备份的录像文件进行核实，单击"播放焦点"按钮；确定录像文件后，单击"下一步"按钮，如图 4.16 所示。

	通道	录像开始时间	录像结束时间	录像大小
☑	A1	2010-02-24 14:11:36	14:18:08	62,982KB
☑	A1	2010-02-27 00:13:25	00:14:21	1,641KB
☑	A1	2010-02-27 00:15:46	00:22:45	9,677KB
☑	A1	2010-02-27 00:27:45	01:17:56	67,155KB
☑	A1	2010-02-27 17:47:33	17:59:29	14,280KB
☐	A1	2010-02-27 17:59:29	18:19:01	23,415KB
☐	A1	2010-02-27 18:22:06	18:45:21	25,971KB
☐	A1	2010-02-27 18:58:27	19:58:27	68,222KB
☐	A1	2010-02-27 19:58:31	20:27:35	29,788KB
☐	A2	2010-02-27 00:13:32	00:14:20	1,435KB
☑	A2	2010-02-27 00:15:46	00:22:45	9,858KB
☐	A2	2010-02-27 00:27:45	01:17:56	70,432KB
☐	A2	2010-02-27 17:47:33	17:49:17	2,253KB
☐	A2	2010-02-27 17:49:17	19:58:25	158,632KB
☑	A3	2010-02-27 00:13:32	00:14:20	1,412KB
☑	A3	2010-02-27 00:15:46	00:22:45	9,711KB
☑	A3	2010-02-27 00:27:45	01:17:57	69,789KB

共需：700MB　　　　　　播放焦点　下一步　取消

图 4.16　选择备份录像界面

(3) 备份录像文件。单击"开始备份"按钮，如图 4.17 所示。

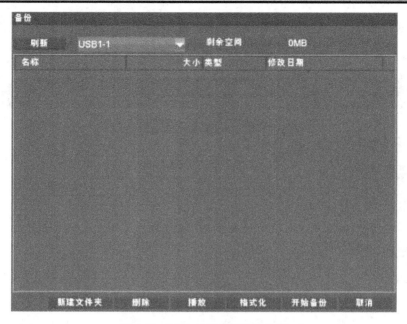

图 4.17　DVR 录像备份输出界面

(4) 查看备份结果，如图 4.18 所示。

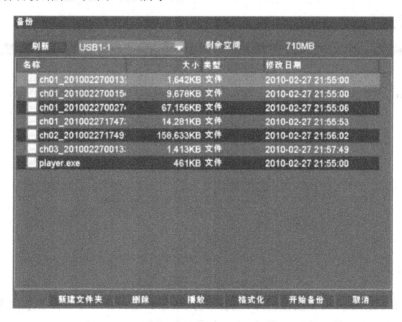

图 4.18　DVR 录像备份结构查看界面

项目五　DVR 远程定时录像计划

　　视频监控领域中的远程是指把视频监控设备接入互联网，以实现通过计算机或手机等终端设备设置 DVR 进行相关本地操作。其具体操作步骤如下：

(1) 添加完设备后，返回控制面板，选择"监控点配置"　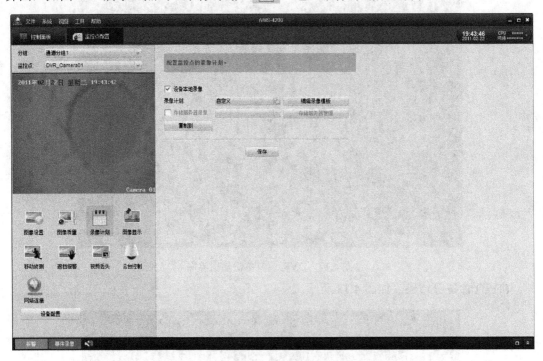　，进入"监控点配置"界面，如图4.19所示，点击"录像计划"　　，进入录像计划配置界面。

图 4.19　"监控点配置"界面

(2) 选中"设备本地录像"复选框，然后选择"编辑计划模板"，如图4.20所示。

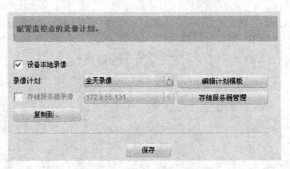

图 4.20　录像计划配置界面

(3) 在图 4.21 中，编辑录像计划模板，全天录像、工作日录像、报警录像为固定配置，不能修改，可根据需要对模板 1 至模板 8 进行修改保存。

- 当鼠标图标变成　　时，可对时间轴进行编辑。
- 当鼠标图标变成　　　　　　　时，可移动已配置的录像计划。
- 当鼠标图标变成　　　　　　　时，可修改已配置的录像计划。
- 删除：删除一段选定的录像计划。
- 清空：清空该模板的所有录像计划。
- 复制到：复制最近一次修改的录像计划到其他时间点。

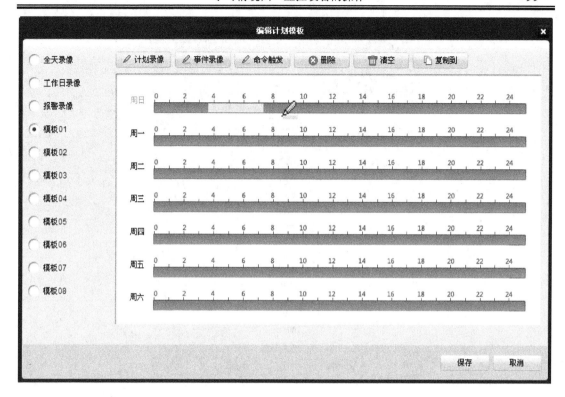

图 4.21　"编辑计划模板"界面

注意：对于时间设置，每天最多可以分成 8 个时间段。

项目六　DVR 远程移动侦测

　　针对 DVR 可进行远程联网操作，只需要在被控端通过 PC 或者远程控制软件设置相应参数和指令即可，从而提高应急和突发事件的处理能力。

　　添加完设备后，返回控制面板，选择"监控点配置" ，进入监控点配置界面，点击"移动侦测" ，进入移动侦测参数的配置界面，如图 4.22 所示。

　　选择要设置移动侦测的监控点，启用移动侦测，设置监控点的布防时间、联动方式。
联动方式说明：
- 声音报警——触发音频报警。
- 邮件联动——报警联动发送 E-mail 给指定的邮箱。
- 上传中心——将报警信号通过网络上传到中心。
- 监视器上报警——将报警图像以单窗口显示。
- 触发报警输出——触发设备的报警输出。

　　注意：如果设置报警触发(软件、监视器)和移动侦测录像，必须选择触发对应的通道，其他联动方式可不做选择。

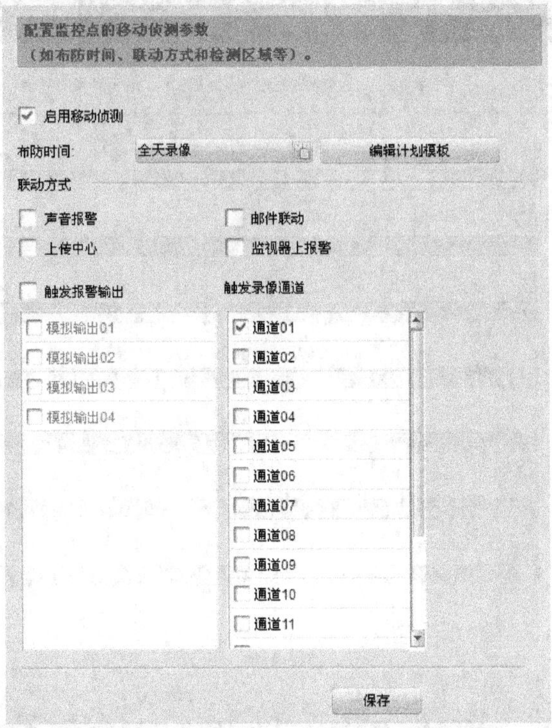

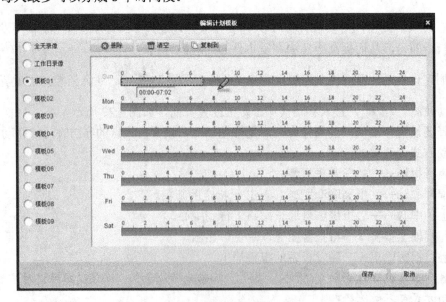

图 4.22 移动侦测参数的配置界面

1. 设置布防时间

单击"编辑计划模板",进入"编辑计划模板"界面,如图 4.23 所示,全天录像、工作日录像为固定配置,不能修改;可根据需求对模板 1 至模板 9 进行修改保存。对于时间设置,每天最多可以分成 8 个时间段。

图 4.23 "编辑计划模板"界面

2．绘制移动侦测布防区域

在监控点预览区域，设置移动侦测布防区域和移动侦测灵敏度，如图4.24所示。拖动鼠标可划定移动侦测的布防区域。

▇——设置全部区域为布防区域。

▣——删除选定布防区域。

▣——删除所有布防区域。

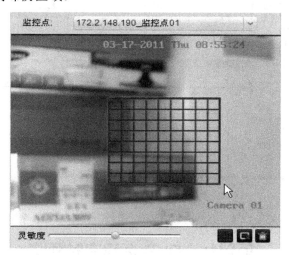

图4.24　绘制布防区域界面

3．移动侦测录像

以上设置了移动侦测的布防时间，只是启用了检测移动侦测，如果需要联动录像，还要设置录像计划。

在监控点配置界面，选择"录像计划"▨，进入录像计划配置界面，如图4.25所示，使"设备本地录像"状态变为☑，然后选择录像计划模板。

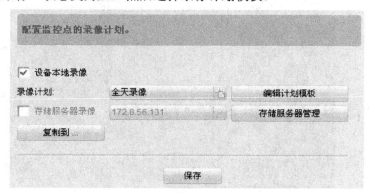

图4.25　录像计划配置界面

点击"编辑计划模板"按钮，进入"编辑计划模板"界面，全天录像、工作日录像、报警录像为固定配置，不能修改，如图4.26所示。移动侦测录像需要选择默认模板"报警录像"或者手动设置"事件录像"。移动侦测录像的有效时间为该监控点移动侦测布防时间与事件录像时间的交集。

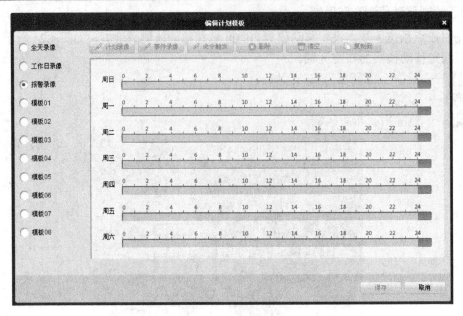

图 4.26　完成配置界面

项目七　DVR 远程实时预览

在控制面板中选择 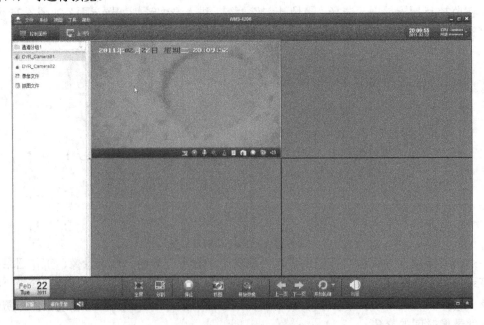，进入预览界面，如图 4.27 所示，通过拖动通道节点到需要的窗口，可进行预览。

图 4.27　DVR 远程预览界面

图中下部各项按键的说明见表 4.1.

表 4.1　按键图标说明

按　　钮	说　　明
(全屏)	全屏预览
(分割)	选择画面分割模式，支持 1、4、6、9 等分割模式
(开始/停止)	开始分组预览或停止所有预览
(抓图)	抓取当前图片
(开始录像/停止录像)	开始或停止录像
(上一页/下一页)	预览翻页切换
(开始轮循)	启动循环播放，向下箭头可进行轮循时间等设置
(音量)	调节预览声音的音量

　　在分组列表中，选中一个分组，然后点击播放按键 ▶，预览窗口将根据分组中的通道数量重新分割，并开始依次播放该分组下的通道。使用该方式，每次只能播放一个分组。如果需要按设备播放，可添加多个分组，把同一设备的通道添加到同一分组中。若分组中通道数目多于画面分割数目，可点击 ◀ 和 ▶ 键进行上一页和下一页的切换显示，如图 4.28 所示。

图 4.28　DVR 远程预览画面分割界面

1．通道停止播放

将鼠标放置于预览窗口中，选择按键栏中的暂停键，即可结束该通道的实时播放。

2．右键画面停止播放

右键点击处于实时播放的窗口，可显示播放窗口菜单。选择"停止预览"项，可以结束该窗口的实时播放，如图 4.29 所示。

图中下部各按键的说明见表 4.2。

表 4.2　按键图标说明

按键	说　明	按键	说　明
	抓图		开始或停止手动录像
	打开或关闭对讲		数字缩放
	云台控制，点击显示 PTZ 控制面板		监控点状态
	监控点配置		停止预览
	切换至即时回放或返回预览		打开或关闭声音

3．全部停止播放

点击实时播放面板中的 按键，可以停止全部正在播放的窗口。

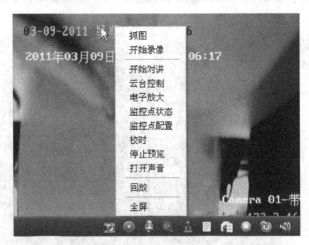

图 4.29　右键弹出菜单

项目八　DVR 远程录像回放

在控制面板中选择 ，进入预览界面。选择通道并拖放至播放窗口，使其处于实时预览状态,点击预览窗口工具栏中的 进入即时回放。 拖动主界面左下角的时间条调节回放时间,移动鼠标至主界面左下角日期可展开日历,更改录像搜索日期。再次点击,可切换回实时预览状态,如图 4.30 所示。

图 4.30 DVR 远程录像回放主界面

把鼠标移至时间轴处,可放大时间轴,通过时间轴的控制按键 和 可对时间轴进行伸张和收缩,鼠标在时间轴上移动可显示精确的时间信息,点击可进行录像文件的定位,如图 4.31 所示。

图 4.31 DVR 远程回放控制界面

回放控制栏各按钮的说明如表 4.3 所示。

表 4.3　回放控制栏各按钮的说明

按钮	说　明	按钮	说　明
❚❚	暂停	▶	播放
■	停止回放	◀◀ ▶▶	控制回放的播放速度
❚▶	单帧回放	📷	抓图
◉	剪辑	⬇	下载
↻	切换	🔊 🔇	打开/关闭声音

注意:

(1) 单帧回放模式下,每点击一次 ❚▶ ,录像文件前进一帧。

(2) 回放时只能同时打开一个窗口的音频,若开启下一个窗口的声音则自动关闭上一个窗口的音频。

项目九　视频控制矩阵操作

一、密码登录

主机允许密码登录的用户数最多为 16 个,每个用户有各自的密码,只有密码登录的键盘才能操作主机。

注意: 出厂密码为 0000。

主机加电后经短暂自检,在 ENTER 显示区会出现"----",要求用户输入密码。按照 [位密码]→[ACK] 步骤操作后,若输入有误,按 [CLEAR] 键清除,重新输入。

键盘密码输入正确后,数据显示区会显示"*"。

注意: 为禁止未授权人员访问系统,请记得修改出厂密码。

二、指定摄像机画面切换到指定监视器

按照以下步骤可将指定摄像机画面切换到指定监视器:

例如:将 2 号摄像机画面切换到 2 号监视器上。

三、控制前端设备

当两个以上键盘同时控制一个摄像机时，矩阵主机只响应优先级较高(编号较小)的键盘操作。

对摄像机镜头、云台等设备操作时，只有在该画面被调入受控监视器内时才生效，因此应先进行手动切换。

四、控制云台

采用手动切换到 ⊙。

对于变速云台的控制，⊙ 偏离中心位置的程度，决定了变速云台转动方向的速度，放手后，云台停止转动。

五、控制镜头

控制镜头的方法(手动切换)如下：

CLOSE|OPEN → 镜头光圈 / NEAR|FAR 镜头聚焦 / WIDE|TELE 镜头变焦

六、预调置点

预置点也称预定位，是摄像机所指向的位置。

配合具有预置功能的解码器或智能球，使每台摄像机可具有多达 64 个预置点，这些预置点信息被保存在解码器或智能球的存储器中。

预置点的设置方法如下：

(在 SET 区，用小螺丝刀类的工具或铅笔按小孔内的 SHOT 键)

设好的预置点可以直接通过键盘命令调用，也可通过通用、自动、同步切换及含有同步切换的队列和报警来自动调用。

注意： 如果调用的预置点未经设置，摄像机保持原先的画面场景不动。

预置点手动切换的按键组合为：

七、备用与辅助功能

备用与辅助功能的调用方法(手动切换)如下：

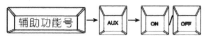

具体的功能调用方法如下：

辅助设备 1 开/关——1 → AUX → ON/OFF

辅助设备 2 开/关——2 → AUX → ON/OFF

报警接口箱输出端口开/关——3 → AUX →ON/OFF

辅助灯光开/关——4 → AUX → ON/OFF

摄像机电源开/关——5 → AUX → ON/OFF

报警探头电源开/关——6 → AUX → ON/OFF

云台自动扫描开/关——8 → AUX → ON/OFF

云台限位水平扫描始/末——9 → AUX →ON/OFF

自动切换由非菜单编程完成设置，其他切换则由菜单编程完成设置。手动切换是不需再编程而由操作者直接操作完成的。

八、自动切换

要实现多监视器自动切换不同的监视点队列，可以通过矩阵控制键盘操作多键组合来完成：

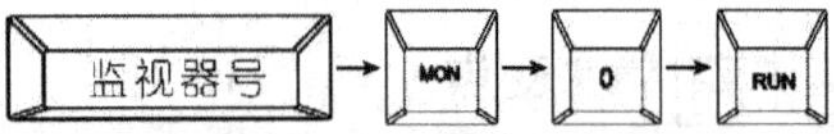

九、通用切换

通用切换(简称通切)允许编制 32 个队列,被编制的队列号码显示在菜单的最上面一行,而每个队列又包含 32 个序号(队员)。每一行为一个序号单元，序号单元由摄像机号码、停留时间、预置点号和辅助功能 4 项参数组成，如图 4.32 所示。

通切 -01

序号	摄像机	时间	预置	辅助
01	001	02	01	00
02	002	02	01	00
03	003	02	01	00
04	004	02	01	00
05	005	02	01	00
06	006	02	01	00
07	007	02	01	00
08	008	02	01	00

图 4.32 通切主界面

通用切换子菜单共分四页,每页有 8 个序号(队员)单元,可用 ![LAST] ![NEXT] 进行翻页操作。

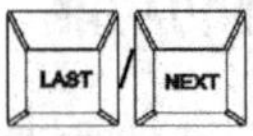

说明：

序号——在一个通用切换中有 32 个序号(队员)。

摄像机——设定切换的摄像机号。

时间——设定摄像机画面在监视器上的停留时间(1～99 s)。

预置——只适用于高速智能球，预置点数目可设为 1～64，在切换摄像机画面的同时调用这个预置点。

辅助——适用于带有辅助开关的解码器。通过编程这个参数，在切换摄像机画面的同时启动这个辅助开关。其中，00 代表无动作(缺省值)；01 代表解码器辅助 1；02 代表解码器辅助 2；03 代表报警接口箱。

若不进行预置点和辅助操作，则对应位置设为 00。

一个通用切换中，同一摄像机可因时间、预置点等参数的不同而被多次设定。

当摄像机被设为 000 时，该队列运行时会跳过该序号单元，切换到下一序号。

如果要实现指定监视器完成通用切换队列，可以使用键盘多键组合来完成：

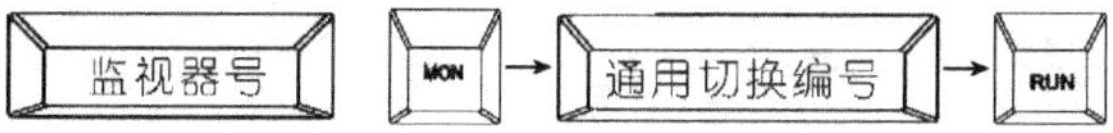

假如要暂停切换，可以按键盘上的暂停键 $\boxed{\text{HOLD}}$，把切换停在当前的摄像机上，则能改变切换运行的方向。

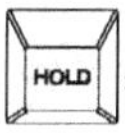

当运行通用切换时，屏幕状态栏会显示 T - nn(nn 为通用切换号)。

十、同步切换

同步切换是将一组摄像机画面顺序地切换到一组监视器上，且保持图像显示。

本主机允许编程 32 个同步切换，而每一个同步切换内可有最多 32 个监视器，如图 4.33 所示。

| 同步 -01 | | | | |
序号	监视器	摄像机	预置	辅助
01	01	001	01	00
02	02	002	01	00
03	03	003	01	00
04	04	004	01	00
05	05	005	01	00
06	06	006	01	00
07	07	007	01	00
08	08	008	01	00

图 4.33　同步切换主界面

说明：

序号——在一个队列中有 32 个序号。

监视器——同一个同步切换中，最多可有 32 个监视器。

摄像机——设定切换的摄像机号。一个摄像机对应一个监视器。

时间——设定摄像机画面在监视器上的停留时间(1～99 s)。

预置——只适用于高速智能球的编程和调用。预置点数目可设为 1~64，当序列运行到带有预置点号的序号时，摄像机指定预置点的画面会被自动地切换到监视器上。

辅助——该项的说明可参考"通用切换"。

若不进行预置点和辅助操作，则对应位置设为 00。

在一个队列中，同一摄像机可因时间、预置等参数的不同而被再设定，同步切换后图像始终保持不变。

在运行同步切换时，屏幕状态栏会显示 S-nn(nn 表示同步切换号)。若要取消同步切换中的一个摄像机，可在对应的"摄像机"一栏输入000。

例如：编设同步切换 1，在监视器 5 上调 17 号摄像机画面，预置点为 5，辅助功能为 2，如图 4.34 所示。

同步 -01				
序号	监视器	摄像机	预置	辅助
01	01	001	01	00
02	02	002	01	00
03	03	003	01	00
04	04	004	01	00
05	05	017	05	02
06	06	006	01	00
07	07	007	01	00
08	08	008	01	00

图 4.34　协同配置主界面

完成配置后，可通过矩阵控制键盘的多键来实现：

注意：当同步切换镜头画面组的数目多于监视器组的数目时，多余画面将不能被显示。

十一、群组切换

群组切换(简称群切)子菜单允许编制 32 个单独的群组队列，而其中一个群组切换队列的同步切换(队员)最多为 32 个。完成若干个同步切换的编制，是编制群组切换队列的必要条件，如图 4.35 所示。

群切 -01		
序号	同步切换	停留时间
01	01	03
02	02	05
03	06	03
04	05	05
05	05	05
06	04	06
07	08	01
08	06	03

图 4.35　群组切换主界面

说明：

序号——群组切换队列的序号。

同步切换——群组切换调用的同步切换号。

停留时间——群组切换调用同步切换号后所停留的时间。

完成配置后，可通过矩阵控制键盘的多键组合实现：

群组切换编号(33-40) → SALVO

当运行群组切换时，屏幕状态栏会显示 G - nn(nn 为群组切换号)。

十二、时间切换

时间切换子菜单最多允许编制 8 个群组切换队列。先完成若干个群组切换队列的编制，是编制时间切换队列的必要条件，如图 4.36 所示。

说明：

序号——时间切换队列中队员的序号。

时间——群组切换队列被调用的时间。

群组切换——时间切换要调用的群组切换编号。

在菜单编程中编制好时间切换队列参数后，启动时间到后，时间切换队列自动被启动运行。

时间切换

序号	时间	群组切换
01	08:00	01
02	12:00	06
03	00:00	00
04	00:00	00
05	00:00	00
06	00:00	00
07	00:00	00
08	00:00	00

图 4.36　时间切换主界面

十三、控制多画面分割器

进入/退出画面分割器模式的方法为：

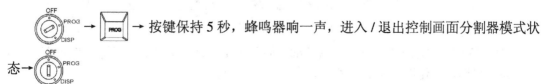

按键保持 5 秒，蜂鸣器响一声，进入 / 退出控制画面分割器模式状态→

调用一个受控画面分割器的方法如下：

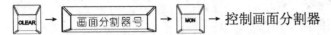

画面分割器的控制按键与矩阵按键对照(具体操作见画面分割器说明书)如下：

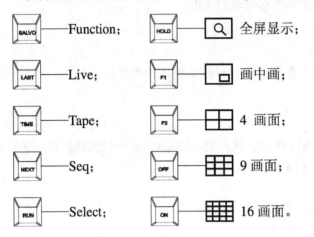

注意：键盘仅能对画面分割器操作，不能设置；若设置需在画面分割器的面板上进行。

项目十　球机自动旋转/预置点调用/模式调用

使用 PELCO-D 协议调用三星快球监控摄像机的自动旋转/预置点调用/模式调用的操作方法如下(波特率为 2400)：

(1) 通过调用预置点"95"进入球机主菜单，如图 4.37 所示。

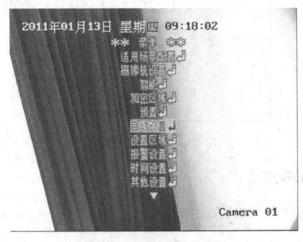

图 4.37　球机控制菜单主界面

(2) 选择"自动设置"项进入设置界面，如图 4.38 所示，有"自动旋转"、"模式"、"扫描"及"自动功能使用"四个子菜单。

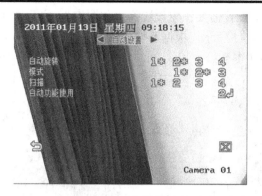

图 4.38　球机设置界面

(3) 自动旋转设置。选择"自动旋转"子菜单，如图 4.39 所示，按照实际需要设置开始、结束位置以及方向、循环等参数。

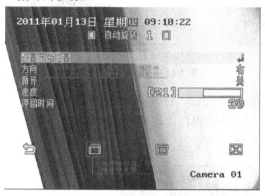

图 4.39　"自动旋转"设置界面

设置完成并保存后，调用预置点"99"就可以实现球机的自动旋转功能。云台的任何操作或调用预置点"96"都可以停止"自动旋转"功能。

(4) 模式设置。选择"模式"子菜单，如图 4.40 所示，选择"设置开始位置"项，选定开始位置，然后点击"开始"录制(最多)两分钟的上下\水平\变焦操作。完成并保存后，退回控制窗口，调用预置点"91"即可循环刚才的录制路径。云台的任何操作或重调用预置点"91"均可退出"模式"功能。

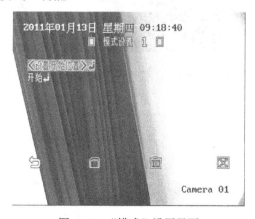

图 4.40　"模式"设置界面

(5) 扫描设置。扫描设置需要预先设置好"预置点",之后才可以启用。选择主菜单中的"预置"选项,如图 4.41 所示,根据需要设置好各个预置点,以及各个预置点的停留时间、速度及识别号等各种参数。

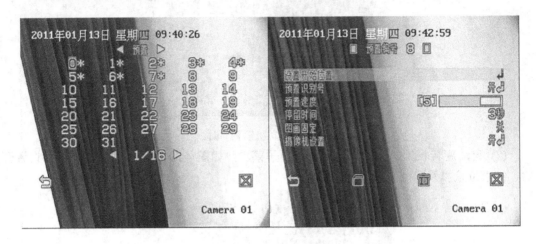

图 4.41 　"预置"设置界面

(6) 设置好"预置点"后,进入"扫描"设置界面,如图 4.42 所示,打开所需的几个预置点并保存后,返回云台控制窗口,调用预置点"98"即可使用扫描功能。云台的任何操作均可退出"扫描"功能。

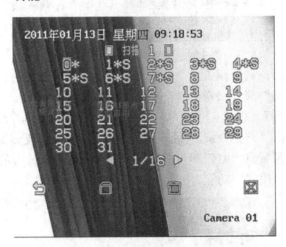

图 4.42 　"扫描"设置界面

学习情境五 信息发布设备的操作

可变情报板是高速公路监控系统的重要外场设备之一。它受监控中心控制，通过通信线路和通信设备，接收监控中心计算机的命令，发布道路交通信息，提示司机采取相应措施，防止事故的发生，避免人身伤亡和重大财产损失。可变情报板作为高速公路或城市交通监控系统的重要信息发布设备，具有显示内容明确、显示字符视距远、便于更改等特点，能根据交通、天气及指挥调度部门的指令及时显示各种通告和相关信息，从而对交通流进行有效引导，提高路网的交通运输能力，确保交通的畅通。

可变情报板为智能型外场设备，自身具有显示驱动、检测和控制功能，同时配备有远程通信接口，用于完成与监控中心计算机系统的通信，并接受监控中心计算机的控制。交通信息显示系统的结构框图如图 5.1 所示。

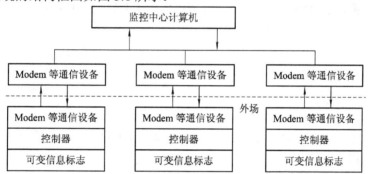

图 5.1 交通信息显示系统的结构框图

从图中可知，监控中心计算机能够同时控制多套可变情报板和其他类型的监控设备。

可变情报板系统包括显示屏、驱动系统、控制系统、通信设备、电源系统和门架、箱体等外形结构，整个系统由控制箱内的控制器控制。同时控制器经通信设备与监控中心计算机通信，可以接收监控中心计算机的指令和显示数据。其工作原理框图如图 5.2 所示。

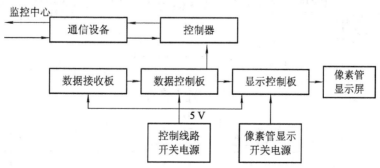

图 5.2 可变情报板的工作原理框图

一、可变情报板的组成

1. 显示屏组成

根据可变情报板静态显示字体最大时汉字的多少，可把显示屏分为几个显示模组，每个模组显示一个汉字，每个模组占一个机箱(内机箱)。例如一个可变情报板要求能单行显示 10 个汉字，则显示屏就由 10 个模组机箱组成，如图 5.3 所示。

1#	2#	3#	4#	5#	6#	7#	8#	9#	10#

图 5.3 可变情报板显示屏组成示意图

图中 1#～10# 为面对显示屏时，每个模组从左向右的顺序编号。在实际工程中，1#模组靠近高速公路左侧中央隔离带，10#模组靠近公路右侧路边。

对用作可变限速标志的小型 48×48 个像素管的可变情报板，显示屏通常由 4 组 24×24 个像素管的模组组成，如图 5.4 所示，其中 1#～4# 也为相应模组的编号。

对专用的可变限速标志，由一整箱体组成，如图 5.5 所示。其中，外圈是两圈圆形像素管，按可变限速标志图形的要求，显示为红色。屏中央为显示限速数值的像素点阵，一般由 16×24 个像素管组成，可显示从个位数值到以 1 为百位的百位数，作为限速数值，通常显示为黄色。

1#	2#
3#	4#

图 5.4 小型 48×48 的可变情报板

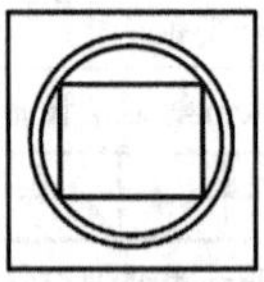

图 5.5 可变限速标志显示屏组成示意图

2. 模组组成

模组是可变情报板显示屏的一个安装单元，是由显示模块、数据接收控制电路和电源三部分组成的一个机箱单元，原理框图如图 5.6 所示。

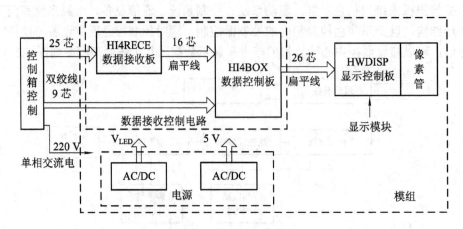

图 5.6 模组的原理框图

二、可变情报板播放表格式

(1) 表头为

[playlist]

(2) 播放的动作条数定义为

item_No = XXX ；XXX 为动作条数，范围为 0～500，缺省值为 0，为 0 时自动
加上一条清屏命令

(3) 每条动作内容的定义为

ItemYYY = delay，transition，param，str

其中：

① YYY 为动作序号，依次从 0 至(XXX−1)。

② delay 为动作执行完后的停留时间，单位为 1%秒，范围为 2～30 000，缺省值为 2。

③ transition 为出字方式，范围为 0～21，缺省值为 0。其各值的含义如下：

0——清屏(全黑)；	1——立即显示；	2——上移；
3——下移；	4——左移；	5——右移；
6——横百叶窗；	7——竖百叶窗；	8——上下合拢；
9——上下展开；	10——左右合拢；	11——左右展开；
12——中心合拢；	13——中心展开；	14——向下马赛克；
15——向右马赛克；	16——淡入；	17——淡出；
18——字符闪烁(闪后消失)；	19——字符闪烁(闪后停留)；	
20——区域闪烁(闪后复原)；	21——区域闪烁(闪后区域为黑)。	

④ 当出字方式为 0 或 1 时，param 无用；当出字方式为 2～21 时，param 表示速度，范围为 0～49，缺省值为 0。其中 0 表示最快，即每幅画面停留 20 ms，param 每增加 1，停留时间就增加 20 ms。

⑤ str 为此条动作所要显示的字符串，缺省时为空串。字符串中可含有转义符，以字符 '\' 为标识。每个转义符的作用范围从其出现开始至下一个同样的转义符出现截止。

转义符的定义如下(假设系统的安装目录为%SYSDIR%)：

\Cxxxyyy——图形或字符串显示的起始(左上角)坐标，xxx 和 yyy 的范围都是[−99，999]，缺省值都是 0。注意可变情报板的左上角为原点，坐标值为(0，0)。

\Bnnn——把%SYSDIR%\BMP 目录下的 nnn.bmp 文件显示到\C 所规定的坐标处。

\Innn——把%SYSDIR%\ICO 目录下的 nnn.ico 文件显示到\C 所规定的坐标处。

若 nnn.ico 文件包含多幅图标，则只显示第一幅。

\Fnnnmm——把%SYSDIR%\FLC 目录下的 nnn.flc 文件显示到\C 所规定的坐标处，并循环播放 mm 遍，mm 的范围为 0～99。若 mm 为 0，则只显示 flc 动画的第一帧画面，而不是播放整个动画。

\yn——n 可为 0 或 1，缺省时为 0。当 n 为 0 时，图形(bmp、ico、flc)文件中的黄色组织到可变情报板的红、绿色像素管；当 n 为 1 时，图形文件中的黄色组织到可变情报板的琥珀色像素管。

\cRRRGGGBBBYYY——字符颜色，\ct 为透明色，RRR、GGG、BBB、YYY 分别表示可变情报板红、绿、蓝、琥珀色像素管的亮度，范围为 0～255，缺省时为\c255255000000(即黄色)。

\bRRRGGGBBBYYY——字符背景颜色，\bt 为透明色，RRR、GGG、BBB、YYY 的含义同上，缺省时为\bt。

\sRRRGGGBBBYYY——字符阴影颜色，\st 为透明色，RRR、GGG、BBB、YYY 的含义同上，缺省时为\st。

\Sxx——字间距，xx 的范围为[-9，99]，缺省时为 0。

\fnHHWW——字体。n 为字体名称，常用的有 h(黑体)、k(楷体)，HH 为字体高度，WW 为字体宽度，HH、WW 的范围都是 1～64。该转义表示选用 %SYSDIR%\FONT 目录下的 hzkHHWWn 汉字库文件和 ascHHVV ASCII 码字库文件，其中 VV 等于(WW+1)除以 2 后的整数部分。此转义缺省时为\fs1616，即选用%SYSDIR%\FONT 目录下的 hzk1616s 汉字库文件和 asc1608 ASCII 码字库文件。注意字库文件的组织以 8 点为 1 B，从左向右、从上到下组织。若 WW 或 VV 不能被 8 整除，但是在组织字库文件时仍需补齐 8 点。

\n——换行，即 \C 中的 xxx 不变，yyy 加上 \f 中的 HH。

\Nnn——闪烁次数(出字方式为字符闪烁或区域闪烁时有用)。nn 的范围为 0～99，缺省时为\N03。

\rxx1yy1xx2yy2——闪烁区域坐标(出字方式为区域闪烁时有用)。xx1、yy1、xx2、yy2 分别表示区域的左、上、右、下坐标值，范围为[-99，999]，缺省时的闪烁区域为整个可变情报板。

\\——表示字符 '\'。

(4) 注：① 播放表中除转义符外，均大小写无关。

② 播放表中的每一行都不得超过 1024 个字符，否则将自动截去超过的部分；对每条 ItemYYY 来说，第三个逗号后的空格及一行最后的空格都将被滤去，不包括在 str 中。

③ str 中若有转义符不符合规定，则将其按普通字符处理。

④ str 中若已有合乎规定的\F 转义，则后面的\F 转义按普通字符处理。

⑤ 当出字方式为 0 时，str 无用；当出字方式为 20 或 21 时，str 中只有\N 和\r 转义有用。

⑥ 当出字方式为 18 或 19 时，若 str 中有\F 转义，则只显示 flc 动画的第一帧画面，而不播放整个动画。

⑦ 每条动作不继承上一条动作的转义，即新一条动作开始时，所有转义为缺省值。

⑧ 新一条动作开始时，不清除上一条动作的画面。例如新的动作为上移时，会将原来的画面往上顶。

⑨ 超出可变情报板宽高的画面将被截去，即使动作为上移、下移、左移、右移也无法显示出来。因此要使超出可变情报板宽高的画面连续移动，必须分成几条动作来完成。

⑩ 最后一条动作播放完后，又回到第一条动作开始播放，如此不断循环播放。

32 × 32 × 10 点阵的可变情报板播放表示例：

```
[list]
item_no=6
```

```
item0=200,   1,   0,  \B004          ；004.BMP 文件是祝您旅途愉快
item1=200,   2,   0,  \B002          ；002.BMP 文件是欢迎领导专家光临指导
item2=200,  20,   0,  \N06\r032000320032
item3=300,   9,   0,  \Bb17\fk3232\C032000\c000255000000 欢迎您到服务区休息
item4=300,  16,   0,  \Bb15\fk3232\C032000\S03\c000255000000 欢迎使用 XXXX 高速
item5=200,   7,   0,  \Bb16\fk3232\C032000\c000255000000 有事求助请用紧急电话
```

48 × 48 × 1 点阵的小型可变情报板播放表示例：

```
[list]
item_no=22
item0=200,   1,   0,  \Ba04\C000000
item1=200,   1,   0,  \fk2424\C000000\c255000000000 欢迎\fk2424\C000024\c255000000000 检查
item2=200,   1,   0,  \fk2424\C000000\c000255000000 欢迎\fk2424\C000024\c000255000000 指导
item3=200,   1,   0,  \fk2424\C000000\c000255000000 注意\fk2424\C000024\c000255000000 安全
item4=200,   1,   0,  \fk2424\C000000\c255000000000 谨慎\fk2424\C000024\c255000000000 驾驶
item5=200,   1,   0,  \ff2424\C000000\c255000000000 保持\ff2424\C000024\c255000000000 车距
item6=200,   1,   0,  \ff2424\C000000\c000255000000 一路\ff2424\C000024\c000255000000 平安
```

项目一　固定道路交通信息的发布

在高速公路沿线某个区域的可变情报板上显示"遇事求助请用紧急电话"提示信息，其操作步骤如下：

(1) 打开可变情报板控制器电源，进入可变情报板操作系统。

(2) 可变情报板操作系统将根据系统播放表 PLAY.LST 进行解读分析。

(3) 修改 PLAY.LST 内容，在其中添加"遇事求助请用紧急电话"内容，或者进入 RESERVED\(固定命令目录)，选择要求所规定的。

(4) 系统完成内容修改的同时，将重读其新内容并执行新的控制显示。

(5) 重启动系统。

项目二　紧急道路交通信息的发布

高速公路沿线某个区域道路正在施工维护，在可变情报板上以大字体显示"前方施工，封闭外车道"提示信息，其操作步骤如下：

(1) 打开可变情报板控制器电源，进入可变情报板操作系统。

(2) 可变情报板操作系统将根据系统播放表 PLAY.LST 进行解读分析。

(3) 修改 PLAY.LST 内容，在其中添加"前方施工，封闭外车道"内容。

(4) 进入可变情报板控制器中的 ZK\目录和文件(字库目录)。

(5) ZK\字库目录中存放有字库文件，字库的命名方式如下：

汉字库名 = HZK + 宽度(2 B) + 高度(2 B) + 字体(1 B)

ASC 字库名 = ASC + 宽度(2 B) + 高度(2 B)

(6) 系统完成内容修改的同时，将重读其新内容并执行新的控制显示。

(7) 重启动系统。

补充说明：

系统安装在可变情报板的控制器中，包括以下目录和文件：

ZK\——字库目录；

ICON\——图标目录；

RESERVED——固定命令目录；

HWXX.EXE——系统执行文件，XX 为系统版本号；

TYPE.INI——硬件结构配置文件；

CMS1.INI——系统参数配置文件；

CMS2.INI——用户参数配置文件；

BRIGHT.TAB——亮度调节表；

PLAY.LST——系统播放表；

DEMO.LST——调试画面播放表；

CMS.LOG——系统运行日志。

ZK\字库目录中存放有字库文件，字库的命名方式可参考步骤(2)。

ICON\图标目录中存放有图标文件，其格式为 .BMP，文件名为三个字符或数字。

RESERVED\固定命令目录中存放有固定命令文件，即预置的显示内容。其格式同播放表，文件名为三个字符或数字。

可变情报板的控制器电子盘根目录中有一个自动启动批处理文件 C:\AUTOEXEC.BAT，其内容应为

C:

CD \XXXX (XXXX 为系统所在的目录，如 HI\。)

HWXX.EXE (XX 为系统版本号。)

HWXX.EXE 可带/G 参数进入图形模式。

该自动启动批处理文件用于情报板控制器送电启动或看门狗执行复位后，能自动执行可变情报板的实时操作系统。

项目三　可变情报板上位机控制系统的操作

本项目以典型设备上海三思可变情报板自带的上位机控制系统进行操作说明。上位机是指可以直接发出操控命令的计算机，一般是 PC，其屏幕上可显示各种信号变化情况。下位机是直接控制设备获取设备状况的计算机，一般是 PLC/单片机之类。上位机发出的命令首先给下位机，下位机再根据此命令解释成相应的时序信号，直接控制相应的设备。下位机不时读取设备状态数据(一般为模拟量)，转换成数字信号反馈给上位机。

两机如何通信，一般取决于下位机，TCP/IP 一般是支持的，但是下位机一般具有更可靠的独有通信协议。通常上位机和下位机通信可以采用不同的通信协议，可以采用 RS-232

串口通信或者 RS-485 串行通信。当用计算机和 PLC 通信时，不但可以采用传统的 D 形式的串行通信还可以采用更适合工业控制的双线的 PROFIBUS-DP 通信，采用封装好的程序开发工具就可以实现 PLC 和上位机的通信。当然也可以自己编写驱动类的接口协议，控制上位机和下位机的通信。

通常，工控机、工作站、触摸屏作为上位机，通信控制 PLC、单片机等作为下位机，从而控制相关设备元件和驱动装置。

一、程序文件说明

上位机程序所在的计算机系统包括以下的目录和文件：

COMDZP.EXE——主程序；

COMDZP.INI——配置文件；

\PLAYLIST——固定命令文件子目录；

\FONT——字库文件子目录；

\BMP——图形文件子目录；

\MYLIST——预编制播放表子目录。

二、操作说明

1．显示固定命令

显示固定命令的操作步骤如下(图 5.7)：

(1) 选择情报板。

(2) 选择显示命令。

(3) 选择固定命令号。

(4) 发送。

图 5.7　显示固定命令界面

2．显示即时编辑播放表

显示即时编辑播放表的操作步骤如下(图 5.8)：

(1) 选择情报板。

(2) 选择显示命令→显示即时编辑播放表。

(3) 编辑显示内容。

图 5.8　显示即时编辑播放表界面

3. 显示预制播放表

显示预制播放表的操作步骤如下(图 5.9):

(1) 选择情报板。

(2) 选择显示命令→显示预制播放表。

(3) 选择播放表。

(4) 发送。

图 5.9　显示预制播放表界面

4. 编辑播放表

编辑播放表的操作步骤如下(图 5.10)：

(1) 选择"菜单"→"播放表"。

(2) 新建文件。

(3) 选择按钮"+"，添加新的项目。

(4) 选择按钮"－"，删除选中的项目。

(5) 选择按钮"↑"，向上移动选中的项目。

(6) 选择按钮"↓"，向下移动选中的项目。

(7) 选择显示方式。

(8) 设置停留时间。

(9) 设置速度。

图 5.10　"编辑播放表"界面

5. 编辑显示内容

编辑显示内容的操作步骤如下(图 5.11)：

(1) 鼠标双击项目条进入显示内容对话框。

(2) 依次插入 BMP 图形及字符串，最多可有 5 个字符串。

(3) 对字符串可选择字体、字号、坐标、字间距。

(4) 可设置字符串颜色、背景色、阴影色。

(5) 对 BMP 图形文件可设置坐标。

(6) 鼠标单击"应用"按钮可预览显示效果。

注：BMP 文件只可选择 BMP 目录下的文件，不得更改 BMP 目录内容，以保证 BMP 目录与情报板的一致。

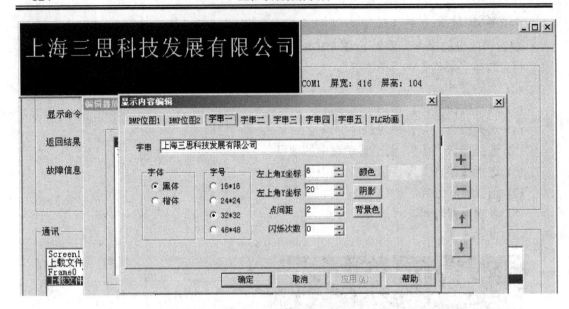

图 5.11　编辑显示内容界面

高速公路可变情报板的固定命令如表 5.1 所示。

表 5.1　高速公路可变情报板的固定命令

序　号	情报板命令内容	颜色	备　注
001	全黑	黑	关闭
002	故障停车请用警告标志	绿	
003	超车时请按规定使用灯光	绿	
004	行驶车道严禁停车	红	
005	禁止在超车道上连续行驶	红	
006	禁止在行车道超车	红	
007	请保持安全车距	绿	
008	(40)+限速 40 公里	黄	
009	(60)+限速 60 公里	黄	
010	(80)+限速 80 公里	黄	
011	(120)+限速 120 公里	黄	
012	请系好安全带	绿	
013	请勿超速驾驶	黄	
014	禁止向车外抛弃杂物	红	
015	请勿疲劳驾驶	黄	
016	遇事求助请用紧急电话	绿	
017	高速公路上严禁调头	红	
018	高速公路上严禁逆行	红	
019	高速公路上严禁倒车	红	
020	下雨路滑，请谨慎驾驶	黄	

续表一

序号	情报板命令内容	颜色	备　注
021	下雨路滑，请减速慢行	黄	
022	路面结冰，请谨慎驾驶	黄	
023	路面结冰，请减速慢行	黄	
024	注意横风，请谨慎驾驶	黄	
025	注意横风，请减速慢行	黄	
026	能见度低，请谨慎驾驶	黄	
027	能见度低，请减速慢行	黄	
028	今日大雾，请谨慎驾驶	黄	
029	今日大雾，请减速慢行	黄	
030	今日有雾，请谨慎驾驶	黄	
031	今日有雾，请减速慢行	黄	
032	前方阻塞，请减速慢行	黄	
033	前方阻塞，请谨慎驾驶	黄	
034	前方事故，请减速慢行	黄	
035	前方事故，请谨慎驾驶	黄	
036	车流量大，请谨慎驾驶	黄	
037	超车请注意安全	绿	
038	安全驾驶，平安回家	绿	
039	祝您旅途愉快	绿	
040	XX 高速公路欢迎您	绿	
041	服务投诉电话 XXXXXXXX	绿	
042	欢迎领导、专家莅临指导	绿	
043	欢迎您到服务区休息	绿	
044	欢迎使用 XX 高速公路	绿	
045	欢迎使用沿线服务区	绿	
046	(图一)＋前方施工，请谨慎驾驶	黄	
047	(图一)＋前方施工，请减速慢行	黄	
048	(图一)＋前方施工，封闭外车道	黄	
049	(图一)＋前方施工，封闭内车道	黄	
050	(图二)＋下雨路滑，请谨慎驾驶	黄	
051	(图二)＋下雨路滑，请减速慢行	黄	
052	(图二)＋路面结冰，请谨慎驾驶	黄	
053	(图二)＋路面结冰，请减速慢行	黄	
054	(图三)＋注意横风，请谨慎驾驶	黄	
055	(图三)＋注意横风，请减速慢行	黄	

序号	情报板命令内容	颜色	备　注
056	(图四)+前方事故，请谨慎驾驶	黄	
057	(图四)+前方事故，请减速慢行	黄	
058	(图五)+保持车距，严禁超速	黄	
059	(图五)+注意安全，谨慎驾驶	黄	
060	(100)+限速100公里	黄	
061			

注：对应参照图标见后面的高速公路可变情报板中的常用图例。

高速公路小型可变情报板的固定命令如表5.2所示。

表5.2　高速公路小型可变情报板的固定命令

序号	限速标志命令内容	颜色	备　注
001	全黑	黑	关闭
002	前方阻塞	黄	
003	前方事故	红	
004	交通拥挤	黄	
005	今日大雾	黄	
006	今日有雾	黄	
007	注意横风	黄	
008	下雨路滑	黄	
009	路面结冰	黄	
010	今日大风	黄	
011	前方施工	黄	
012	小心路滑	黄	
013	谨慎驾驶	黄	
014	保持车距	黄	
015	注意安全	黄	
016	欢迎指导	绿	
017	欢迎检查	绿	
018	(40)+前方阻塞		红圈黄字，交替显示
019	(40)+前方事故		红圈黄字，交替显示
020	(40)+今日大雾		红圈黄字，交替显示
021	(40)+今日大风		红圈黄字，交替显示
022	(40)+前方施工		红圈黄字，交替显示
023	(40)+下雨路滑		红圈黄字，交替显示
024	(40)+路面结冰		红圈黄字，交替显示
025	(40)+小心路滑		红圈黄字，交替显示

续表

序号	限速标志命令内容	颜色	备注
026	(60) + 前方阻塞		红圈黄字，交替显示
027	(60) + 前方事故		红圈黄字，交替显示
028	(60) + 今日大雾		红圈黄字，交替显示
029	(60) + 今日大风		红圈黄字，交替显示
030	(60) + 前方施工		红圈黄字，交替显示
031	(60) + 下雨路滑		红圈黄字，交替显示
032	(60) + 路面结冰		红圈黄字，交替显示
033	(60) + 小心路滑		红圈黄字，交替显示
034	(80) + 谨慎驾驶		红圈黄字，交替显示
035	(80) + 小心路滑		红圈黄字，交替显示
036	(80) + 今日有风		红圈黄字，交替显示
037	(80) + 今日有雾		红圈黄字，交替显示
038	(80) + 交通拥挤		红圈黄字，交替显示
039	(120) + 保持车距		红圈黄字，交替显示
040	(120) + 注意安全		红圈黄字，交替显示
041	(120) + 谨慎驾驶		红圈黄字，交替显示
042	(120) + 欢迎指导		红圈黄字，交替显示
043	(120) + 欢迎检查		红圈黄字，交替显示
044	(40) + (图一)		交替显示
045	(60) + (图一)		交替显示
046	(80) + (图一)		交替显示
047	(40) + (图二)		交替显示
048	(60) + (图二)		交替显示
049	(80) + (图二)		交替显示
050	(40) + (图三)		交替显示
051	(60) + (图三)		交替显示
052	(80) + (图三)		交替显示
053	(40) + (图四)		交替显示
054	(60) + (图四)		交替显示
055	(80) + (图四)		交替显示
056	(40) + (图五)		交替显示
057	(60) + (图五)		交替显示
058	(80) + (图五)		交替显示
059	(100) + (图五)		交替显示

注：对应参照图标见后面的高速公路可变情报板中的常用图例。

高速公路可变情报板中的常用图例：

图一　施工标志

图二　路滑标志

图三　横风标志

图四　事故标志

图五　警告标志

图六　限速 40

图七　限速 60

图八　限速 80

图九　限速 100

图十　限速 120

图十一　限速 35

图十二　花

图十三　花(二)

图十三　花(三)

图十五　花(四)

图十六　灯笼

图十七　电话

图十八　服务标志

学习情境六 设备故障维护与保养

项目一 云台常见故障的维护

这里所说的云台区别于照相器材中的云台，照相器材中的云台一般来说只是一个三脚架，只能手动调节方位，而在监控系统中是通过控制系统在远端对云台的方向进行控制的。云台的内部结构如图 6.1 所示。

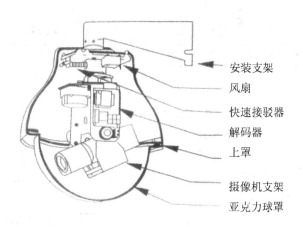

安装支架
风扇
快速接驳器
解码器
上罩
摄像机支架
亚克力球罩

图 6.1 云台的内部结构

云台常见故障通常表现在以下几方面：

(1) 无法控制云台。

(2) 无法控制解码器。

(3) 部分功能无法实现。

(4) 码转换器的信号指示灯不工作。

云台常见故障的排除方法一般有以下几种：

(1) 云台无法旋转。云台公共线未接好，解码器电压选择不正确；解码器协议选择不正确。

(2) 云台旋转方向不正确。检查云台控制线和解码器连接是否正确；检查协议是否选择正确。

(3) 云台旋转角度过大/过小。调节云台限位开关至合适位置。

一、解码器无法控制问题的解决

当解码器中无继电器响声时，需恢复云台的正常运转，操作步骤如下：

(1) 检查解码器(如图 6.2 所示)是否供电。

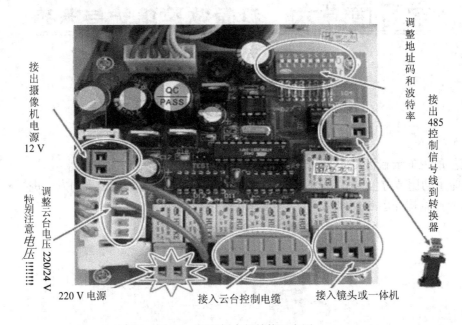

接出摄像机电源 12 V

接出485控制信号线到转换器

调整地址码和波特率

特别注意**电压**！！！！！

调整云台电压 220/24 V

220 V 电源　　　　　　接入云台控制电缆　　　　接入镜头或一体机

图 6.2　解码板内部结构示意图

(2) 检查码转换器是否拨到了输出 485 信号。

(3) 检查解码器协议是否设置正确。

(4) 检查波特率设置是否与解码器符合(检查地址码设置与所选的摄像机是否一致，详细的地址码拨码表见解码器说明书。

(5) 检查解码器与码转换器的接线是否正确(1-485A，2-B。有的解码器是 1-485B，2-A)。

(6) 检查解码器工作是否正常(老式解码器断电一分钟后通电，查看是否有自检声；软件控制云台时，解码器的 UP、DOWN、AUTO 等端口与 PTCOM 口之间会有电压变化，变化情况根据解码器的输入电压(24 V 或 220 V)而定。有些解码器的这些端口会有开关量信号变化)，如有则解码器工作正常，否则为解码器故障。

(7) 检查解码器的保险管是否烧坏。

二、云台无法控制问题的解决

高速公路沿线某个区域的摄像机云台无法正常控制时，在设备和条件允许的情况下可快速解决问题，恢复设备正常工作，操作步骤如下：

(1) 检查解码器是否正常。

(2) 检查解码器的 24 V 或 220 V 供电端口电压是否输出正常。

(3) 直接给云台的 UP、DOWN 与 PTCOM 线进行供电，检查云台是否能正常工作。

(4) 检查供电接口是否接错。

(5) 检查电路是否接错(老式解码器的 UP、DOWN 等线与 PTCOM 直接给云台供电，各线与摄像机及云台各线直接连接即可。有的解码器为独立供电接口)。

注意：如出现转动无法停止情况，应先单独对该端口进行测试(直接向该端口通电，进行控制)，如正常，则检查解码器对应的端口工作是否正常。其端口如图6.3所示。

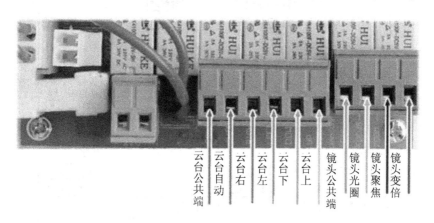

云台公共端 云台自动 云台右 云台左 云台下 云台上 镜头公共端 镜头光圈 镜头聚焦 镜头变倍

图 6.3　解码板控制部分端口结构示意图

三、收费亭内云台运转不灵问题的解决

收费亭内的云台在使用后不久就运转不灵或根本不能转动，这种情况的出现除去产品质量的因素外，要求快速解决，操作步骤如下：

(1) 检查摄像机正装的云台，若在使用时采用了吊装方式，则这种方式将导致云台运转负荷加大，故使用不久就会导致云台的传动机构损坏，甚至烧毁电机。

(2) 检查摄像机及其防护罩等总重量是否超过云台的承重。特别是室外使用的云台，往往防护罩的重量过大，常会出现云台转不动(特别是垂直方向转不动)的问题。

(3) 检查室外云台的环境温度，温度过高、过低，防水、防冻措施不良等均会导致故障甚至损坏。

(4) 检查距离是否过远。距离过远时，操作键盘无法通过解码器(如图6.4所示)对摄像机(包括镜头)和云台进行遥控。这主要是因为距离过远时，控制信号衰减太大，解码器接收到的控制信号太弱，致使操作失灵。这时应该在一定的距离上加装中继盒以放大整形控制信号。

注意：云台水平方向的自动回扫功能并不是为了 24 小时接连不断地运转而设计的，否则会使云台电机运转过度。建议云台水平方向的自动回扫一天内不要超过 12 小时。云台由于水平方向连续自动回扫而造成的云台电机损坏，不在生产商的质保范围内，因此应使用更多的摄像机替代水平自动回扫云台。摄像机的成本要低些，同时其可靠性也得到增强。

带有水平、垂直方向扫描预置功能的云台，若长时间在各预置点之间来回旋转，自动扫描，同样会造成云台电机的损坏，这也不在生产商的保质范围内。

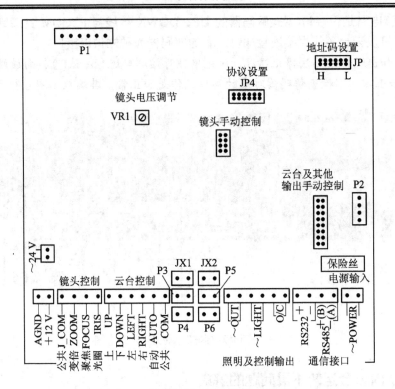

图 6.4　通用解码板内部结构示意图

项目二　监控设备后备电源的使用

1. UPS 及其作用

UPS(Uninterruptable Power Supply，不间断电源)可以保障计算机系统在停电之后继续工作一段时间，以使用户能够紧急存盘，避免数据丢失，如图 6.5 所示。

图 6.5　UPS

2. UPS 的使用方法

将计算机系统及其外部设备连接到 UPS 上，再将 UPS 与市电相连，当市电中断时，UPS 便发出告警声，此时用户应迅速存盘。

3. UPS 分类及工作原理

UPS 按其工作方式可分为离线式(off line)、在线式(on line)和线上互动式(line-interactive)三类。下面分别介绍三种 UPS 的工作原理。

1) 离线式 UPS

离线式 UPS 平时处于蓄电池充电状态，在停电时逆变器紧急切换到工作状态，将电池提供的直流电转变为稳定的交流电输出，因此离线式 UPS 也被称为后备式 UPS。然而这种 UPS 存在一个切换时间问题，因此不适合用在关键性的供电不能中断的场所。但实际上这个切换时间很短，一般介于 2 至 10 ms 之间，而计算机本身的交换式电源供应器在断电时应可维持 10 ms 左右，所以个人计算机系统一般不会因为这个切换时间而出现问题。

2) 在线式 UPS

在线式 UPS 一直使其逆变器处于工作状态，它先通过电路将外部交流电转变为直流电，再通过高质量的逆变器将直流电转换为高质量的正弦波交流电输出给计算机。在线式 UPS 在供电状况下的主要功能是稳压及防止电波干扰，在停电时则使用备用直流电源(蓄电池组)给逆变器供电。由于逆变器一直在工作，因此不存在切换时间问题，适用于对电源有严格要求的场合。

3) 线上互动式 UPS

这是一种智能化的 UPS，可自动侦测外部输入电压是否处于正常范围之内，如有偏差可由稳压电路升压或降压，提供比较稳定的正弦波输出电压。而且它与计算机之间可以通过数据接口(如 RS-232 串口)进行数据通信，通过监控软件，用户可直接从电脑屏幕上监控电源及 UPS 状况，从而简化管理工作，并可提高计算机系统的可靠性。

4. UPS 的发展方向

1) 智能化、网络化

全数字化的控制方式，通过 UPS 内部的 CPU 可对机器参数进行编程控制；一台 UPS 可以同时连接多台电脑系统；可利用通信接口与计算机通信，并配合智能化监控软件及网络协议使用户方便、高效地在本地甚至远程分析及管理整个计算机及 UPS 系统，如图 6.6 所示。

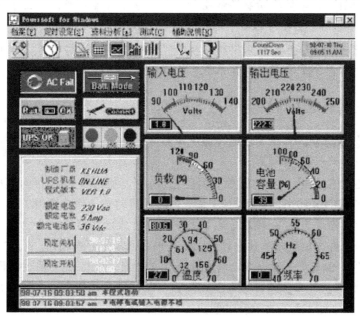

图 6.6　UPS 控制界面

2) 高可靠性与安全性

(1) 自动侦测：开机时 UPS 即开始进行元件(逆变器、电池等)负载的检查，以便及时发现问题，避免产生任何疏失。

(2) 自我保护：通过自我保护设计，不论是 UPS 超载、短路、电池电压太低或 UPS 温度太高，UPS 皆会自动关机。

(3) 直流开机：可充分发挥 UPS 的紧急备用功能。

(4) 极强的过载能力：即使在大过载情况下仍能工作较长时间。

(5) 双机热备份功能：为局域网络提供双重的电源保护，即使一台 UPS 发生故障，也不会导致网络中断。

5. UPS 的选用

如果计算机只用于玩游戏、上网、看 VCD，则可以选购一台普通的离线式 UPS。如果所做工作很重要，则一定要选购一台优质的离线式 UPS，以确保劳动成果不因停电而断送。如果是银行、民航等对数据安全性有严格要求的企业，就要配备智能化、网络化程度极高的在线式或线上互动式 UPS。

一、机电系统后备电源的加载

在监控中心或站，启动监控设备前启动电源保护，操作步骤如下：

(1) 送市电给 UPS，使其处于旁路工作状态。

(2) 逐个打开负载，先开冲击电流较大的负载。

(3) 打开冲击电流较小的负载。

(4) 将 UPS 面板开机，使其处于逆变工作状态。

注意：开机时千万不能将所有负载同时开启，也不可带载开机。由于一般负载在启动瞬间存在冲击电流，而 UPS 内部功率元件都有一定的安全工作范围，尽管在选用器件时都留有一定的余量，但是过大的冲击电流还是会缩短元器件的使用寿命，甚至造成元器件损坏。因此在使用时应尽量减小冲击电流带来的损害。

二、机电系统后备电源的关闭

在某些紧急情况下，需要关闭或维修机电系统设备，关闭 UPS 的操作步骤如下：

(1) 先逐个关闭负载。

(2) 将 UPS 面板关机，使 UPS 处于旁路工作状态，而充电器继续对其电池组充电。

(3) 如果需要 UPS 输出，则将 UPS 完全关闭，再将输入市电断开。

注意：(1) 后备式 UPS 一般在市电状态下没有负载检测功能，只能依靠输入保险丝来起保护作用。如果用户使用时不注意这点，在市电时很容易带载过大，虽然市电状态下 UPS 还可能继续工作，但市电一旦异常，转电池逆变工作时，UPS 就会因过载保护而关机，严重时会造成 UPS 损坏。以上情况也会造成输出中断，给用户带来一定的损失。因此在使用后备式 UPS 时应特别注意不要带载过量。

(2) 长效型 UPS 由于采用外接电池组来延长供电时间，所以外接电池的好坏直接影响到 UPS 的放电时间。因此在使用长效型 UPS 时应特别注意电池的使用和保养。关于电池使用保养问题的详细说明请参阅后面的内容。

由于长效型 UPS 外置电池与 UPS 主机是分开的，相互间由电池连线连接，一般正常使用时不会有什么问题，但是当用户在装机或移机时，就需要重新进行连线，在连线时应注意以下几个问题：

① 电池连接时电压极性要正确；

② 先不要连接电池与主机之间的连线，等 UPS 市电输入产生充电电压后再连接，即 UPS 先上市电、再接电池(后备长效机以及 C 系列 6KVAS 以上机器则应该先接电池，否则无法开机)。

三、UPS 电池的检查

在监控中心或站，UPS 电池一般为密闭式免维护电池，使用者须三至六个月做一次放电测试，并观察电池容量指示灯的变化情况，以了解电池目前的状态，从而保护机电系统正常运行。检查 UPS 电池的操作步骤如下：

(1) 目测电池外表是否有变形或膨胀漏液现象。

(2) 检视电池正、负极是否氧化。

(3) 量测电池端充电电压。(每一节电池的正常值为 13.7～13.8 V DC)。

(4) 检查电池端子是否松动。

由于 UPS 是市电通向负载的控制闸口，因此它的设计本身就非常复杂，属于比较"娇贵"的东西，比较容易出现故障。加之相当一部分用户的不当使用，致使 UPS 更易出现问题。因此，要想减少 UPS 发生故障的几率，一定要正确使用与维护。

(1) 开机前，要确认输入市电接线的极性正确，UPS 系统对电源正、负极的要求是非常严格的，稍有不慎，后果不堪设想。

(2) 充分注意负载总容量不能大于 UPS 的额定功率。负载总容量过大，就会致使 UPS 中的电池超载运作，时间一长，就会令电池损毁，甚至损毁 UPS。

(3) 市电中断后，由 UPS 电池供电，直至自动关机。不要再用 UPS 电池供电，过量放电，只会让 UPS 电池寿命迅速减小。

(4) 当市电发生异常，转为 UPS 电池供电时，应立即将负载中的电脑系统关闭，不要在供电期内继续办公。

(5) 除非 UPS 本身已经注明，否则不要外接长效电池，这样做会令 UPS 因功率加大而出现故障。

(6) 请不要把磁性物如磁铁等放在 UPS 上，否则易导致 UPS 机内记忆体中数据的丢失，从而令机器无法完成其应有的功能。

(7) UPS 比较适合带电容性负载，而不适合带电感性负载(例如空调、吹风机、电钻)、半波负载及冲击性负载(例如打印机)，输出为方波的 UPS 不能带电感性负载。

(8) UPS 不宜一直处于满载或轻载的状态下运行，一般选取额定容量的 50%～80%。

(9) 不要频繁地关闭和开启 UPS 电源。一般要在关闭 UPS 电源 6 秒钟后才能再次开启，否则 UPS 电源可能处于"启动失败"的状态。

项目三　监控系统常见问题的解决

一、监视器画面异常问题的解决

视频传输中，若在监视器的画面上出现一条黑杠或白杠，并且向上或向下慢慢滚动，则应快速解决此问题，恢复系统的正常运转。其具体的操作步骤如下：

(1) 分清产生故障的两种不同原因，是电源的问题还是地环路的问题。

(2) 在控制主机上，就近只接入一台电源没有问题的摄像机输出信号。

(3) 查看监视器上有无上述的干扰现象，若无，则说明控制主机无问题。

(4) 用一台便携式监视器就近接在前端摄像机的视频输出端，并逐个检查每台摄像机。

(5) 查看有无类似情况出现，若有则进行处理；如无，则干扰是由地环路等其他原因造成的。

二、监控图像干扰问题的解决

若监视器上出现木纹状的干扰，则图像将无法观看(甚至破坏同步)，应快速解决此问题，恢复系统的正常运转。其具体的操作步骤如下：

(1) 排查数据线。视频传输线的质量不好，特别是屏蔽性能差(屏蔽网不是质量很好的铜线网，或屏蔽网过稀而起不到屏蔽作用)，将引起此类问题。与此同时，这类视频线的线电阻过大，因而造成信号产生较大衰减，也是加重故障的原因。此外，这类视频线的特性阻抗不是 75 Ω 以及参数超出规定也是产生故障的原因之一。

由于产生的上述干扰现象不一定就是视频线不良而产生的故障，因此这种故障原因在判断时要准确和慎重。只有当排除了其他可能后，才能从视频线质量的角度去考虑。若真是电缆质量问题，最好的办法当然是把这种电缆全部换成符合要求的电缆，这是彻底解决问题的最好办法。

(2) 排查电源部分。供电系统的电源不"洁净"也会引起此类问题。这里的电源不"洁净"，是指在正常的电源(50 周的正弦波)上叠加有干扰信号。这种电源上的干扰信号，多来自本电网中使用可控硅的设备。特别是大电流、高电压的可控硅设备，对电网的污染非常严重，这就导致了同一电网中的电源不"洁净"。解决方法比较简单，只要对整个系统采用净化电源或实施在线 UPS 供电就基本上可以解决。

(3) 检查系统附近是否有很强的干扰源。通过调查和了解而加以判断可以确定是否此种原因引起的。如果属于这种原因，解决的办法是加强摄像机的屏蔽，以及对视频电缆线的管道进行接地处理等。

三、监控主机端图像质量不佳问题的解决

系统运行过程中，当图像清晰度不高、细节部分丢失时，应快速解决此问题，恢复系统的正常运转。其具体的操作步骤如下：

(1) 检查镜头是否有指纹或太脏。

(2) 检查光圈是否调好。(自动化的摄像机不存在这样的问题。)

(3) 检查视频电缆接触是否不良，主要是在接头处要拧紧。

(4) 检查电子快门或白平衡设置有无问题。

(5) 检查传输距离是否太远，中间可以加放大器或中继。

(6) 检查电压或后备电源 UPS 是否正常工作。

(7) 检查主机附近是否存在干扰源，若有，则可以采用处理屏蔽的方法解决。

(8) 检查在角落管道处安装时，是否保证了与强电的绝缘。

(9) 检查 CS 接口有否接对。

四、监视器图像闪烁频繁问题的解决

系统运行过程中，当图像闪烁频繁时，应快速解决此问题，恢复系统的正常运转。其具体的操作步骤如下：

(1) 检查视频线是否存在虚接的情况，并检查 BNC 接头的连接情况。

(2) 检查供电电源是否正常，供电电源自身电源是否稳定，电流大小是否达到了摄像机要求，电源线是否有虚接或疑似短路的情况。

(3) 检查摄像头本身是否有问题，可考虑更换摄像头。

(4) 检查显示器或监视器是否存在问题。

(5) 检查硬盘录像机对应通道或矩阵对应通道是否有故障。

五、监控主机端监视器无法看到摄像机图像问题的解决

系统运行过程中，当图像不显示时，应快速解决此问题，恢复系统的正常运转。其具体的操作步骤如下：

(1) 检查监视器或显示器是否损坏。

(2) 检查监视器到控制器或分支分配器之间的线路及接头是否连接正常，是否有断路、短路的故障。

(3) 检查摄像头是否正常供电、电源指示灯是否亮，如果电源指示灯亮，说明供电正常；如果指示灯不亮，应检查电源是否工作正常(用万用表测试)，正、负极是否连接正确。

(4) 检查摄像头到控制部分的视频线路是否正常，可用万用表测试。

(5) 若电源、视频线均正常，检查摄像头是否正常，可以考虑更换摄像头。若摄像头更换后还是没有图像，则可能是控制部分出现了问题，如硬盘录像机或矩阵环通道出现故障、视频分配器故障、硬盘录像机单通道出现故障等。

六、电视墙上某一路无图像问题的解决

系统运行过程中，当前端摄像机故障或摄像机无电源输入，传输设备或线路故障导致无图像时，应快速解决此问题。

通常是摄像机问题或光端机问题，可采用逐级排查法。检查顺序按先易后难，可提高故障排查率。其具体的操作步骤如下：

(1) 检查前端摄像机供电电源是否正常，确保摄像机有视频输出。

(2) 检查视频分割器是否正常。

(3) 检查中心级的光端机面板上的指示灯，用完好的备件或旁边的光端集体更换，以确定光端机是否损坏。

(4) 用同样的方法检查站级的光端机是否损坏。

(5) 用小监视器检查输入到站级的光端机是否损坏。

(6) 用小监视器直接检查摄像机的输出信号是否正常。

七、带云台摄像机不能正常控制问题的解决

系统运行过程中，由于云台、镜头、译码器故障，光端及通信接口故障，控制矩阵通信端口配置错误，通信链路插接件松动导致带云台摄像机不能正常控制时，应快速解决此问题。其具体的操作步骤如下：

(1) 检查设备通信线路接头是否有松动现象。

(2) 检查前端设备云台、镜头本身是否工作正常，用控制键盘直接控制云台摄像机时是否能正常控制，确保前端设备工作正常后，方可做下一步检查。

(3) 检查光端及通信接口是否正常，控制线头有无松动现象。

(4) 检查控制键盘连接控制主机的线是否接触良好。

(5) 摇动控制键盘时，用万用表测量控制线的电压有无变化，可确定控制信号有无顺利传达给摄像机。

(6) 检查控制主机上设定的协议与摄像机上设定的是否一致。

八、车辆检测器无数据上传问题的解决

系统运行过程中，由于通信故障、设备故障、数据库故障导致车辆检测器无数据上传时，应快速解决此问题。其具体的操作步骤如下：

(1) 检查中心级检查工作站到传输设备 SDH 子速率板上的通信是否正常，用车检器测试程序发送数据查看子速率板上相应指示灯是否正常闪烁，并观察此时站级子速率板上的指示灯是否正常闪烁，由此来判断监控计算机到站级子速率板这一段的通信链路是否正常。

(2) 在站级用手提电脑接上 VD 车检器上传到 DB9 接口，用测试程序观察通信是否正常。

(3) 从指示灯检查光端机或基带工作模式是否正常。

(4) 检查各段接头 DB9 和 DB25 是否有断开。

(5) 如有多串口服务器，检查是否正常，在外场观察有车经过时车检器检测板上相应的通道指示灯是否闪烁。

(6) 检查通信正常的情况下，数据库里的表有无按时得到更新。

九、监控使用光端机光路问题的解决

无图像、图像跳动、图像质量差等多数问题都出在光路两端的尾纤、跳线或适配器上，常见的有：① 光纤活动连接器插入不正确；② 光纤活动连接器纤芯(陶瓷管)被污染。应

快速解决此类问题，恢复系统的正常运转。其具体的操作步骤如下：

(1) 重新插入活动连接器或调换光纤跳线。

(2) 用 99.9% 的无水乙醇擦拭插头、插座纤芯。

(3) 用万用表检查摄像机视频线缆，判断有无视频信号。

注意： 经过以上处理，一般都会解决问题。如有条件，可用光纤测试仪(OTDR)或光功率计测试光路损耗，或者租用或借用电信部门已有的光缆。若是局域网则多数是多模光纤，此时必须弄清楚是哪一年生产的光纤，若是 2005 年之前的产品，只能使用多模光端机，而且传输距离很有限，比如 4~8 路视频传输距离一般不超过 500~1000 m。近两年生产的多模光纤，也能工作在 1300 nm 波长上。采用单模光端机传输，传输距离可达 3~4 km。要强调的是，目前数字化光端机的光模块，多模的比单模的要贵，供应商也少，多模光纤又比单模光纤贵许多，因此，一般不选用多模光纤传输。

十、监控使用光端机数据接口问题的解决

系统运行过程中，当通信不稳定甚至出现"卡死"现象时，应快速解决此类问题，恢复系统的正常运转。其具体的操作步骤如下：

(1) 检测有无控制信号。用万用表交流 10 V 挡测控制器(矩阵、硬盘等)输出 RS-485 口，查看其有无控制信号输出。

(2) 判断光端机 RS-485 接口是否正常，若 UA−B 电压为零则视为不正常。

(3) 系统运行正常偶有失控是由于系统处于临界状态，需增加控制器的负载能力(如接入码扩展器)、改善系统阻抗匹配和材质。经过以上措施后，系统就能长期稳定工作。

项目四　监控系统的保养

一、监控设备的维护

全天工作的监控设备应在适当的时候进行系统维护，具体的操作步骤如下：

(1) 对每个摄像机的电源插座要经常检查，防止插头脱落。

(2) 保证每个摄像机和监控中心的供电电压较稳定。

(3) 对低矮位置的摄像机尽量设置明显标志，以提醒非监控管理人员，防止触碰。

(4) 对监控中心的监控控制设备派专人专管，要求非监控人员禁止操作。

(5) 对监控设备经常擦拭保养。

二、监控主机的保养

主机通电前必须检查，避免因接触不良而烧坏配件，具体的操作步骤如下：

(1) 晃动主机以检查内部是否有松脱的现象，从主机后面检查各插卡是否有歪斜而接触不良的现象，电压选择开关是否设置在 220 V 的位置，并与供电电压匹配。

(2) 后面板上的很多接口是插针式的，连接前检查插针是否歪斜，避免损伤接口，如

图 6.7 所示。

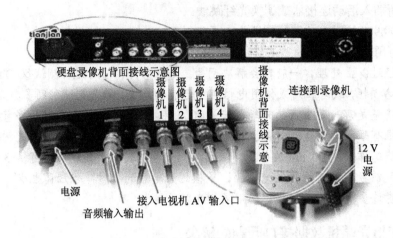

图 6.7　硬盘录像机各接口示意图

(3) 接口匹配不好的，如音频和视频接头匹配较紧等，应更换接头。

(4) 主机为插卡结构，外接接头时不得硬推和硬拉，避免造成接触不良。

(5) 按主机接口属性，将相关外设全部连接完毕，并检查接触是否良好。

三、硬盘录像机的维护

硬盘录像机(DVR)如果保养不当，即使在正常使用情况下，也可能出现故障，因此对于硬盘录像机的保养，可按如下几步进行：

(1) 指定专人操作主机，定时对系统及数据进行备份和维护，将故障可能造成的损失降到最低。

(2) 按照正常程序关机，不要用断电方式完成关机。

(3) 长期不间断运行主机时，每周关机几分钟，然后重新启动运行。

(4) 为主机配备不间断电源设备(在线式 UPS)，避免掉电或电压不稳造成系统破坏。

(5) 硬盘录像机为监控专用，不要作为普通计算机使用。

四、监控操作主机的维护

对监控操作主机进行日常维护时，可采用十字螺丝刀、镜头拭纸、吹气球、回形针、小型台扇等工具，具体的操作步骤如下：

(1) 切断电源，将主机与外设之间的连线拔掉，用十字螺丝刀打开机箱，将电源盒拆下。这时会看到在板卡上有灰尘，用吹气球细心地吹拭，特别是面板进风口的附件和电源盒(排风口)的附近，以及板卡的插接部位，同时应用台扇吹风，以便将被吹气球吹起来的灰尘和机箱内壁上的灰尘带走。

(2) 将电源拆下，电脑的排风主要靠电源风扇，因此电源盒里的灰尘最多，用吹气球仔细清扫干净后装上。另外还需注意电风扇的叶子有没有变形，特别是经过夏季的高温，塑料的老化常常会使噪音变大，很可能就是这方面的原因。机箱内其他风扇也可以按照这个方法清理。经常清除风扇上的灰尘可以最大程度地延长风扇寿命。

(3) 将回形针展开，插入光驱前面板上的应急弹出孔，稍稍用力，光驱托盘就打开了。用镜头拭纸将所及之处轻轻擦拭干净，注意不要探到光驱里去，也不要使用影碟机上的"清洁盘"进行清洁。

(4) 用吹气球清除插槽中的灰尘。

(5) 如果要拆卸板卡，再次安装时要注意位置是否准确，插槽是否插牢，连线是否正确，等等。

(6) 用镜头拭纸将显示器擦拭干净。

(7) 将鼠标的后盖拆开，取出小球，用清水洗干净，晾干。(光电鼠标可以免去这个步骤，但是光电鼠标底部的 4 个护垫很容易粘上桌面上的灰尘和油渍，从而影响它的顺滑度，可以使用硬塑料，将附着在护垫上的污渍剥掉。)

(8) 用吹气球将键盘键位之间的灰尘清理干净。

(9) 每 5 个月给 CPU 重新涂抹一次硅脂,硅脂虽然使用的是沸点较高的油脂作为介质，但是难免在使用中挥发，油脂挥发，会影响到它与散热片之间的衔接与导热性，所以 5 个月涂抹一次硅脂，可以让硅脂的导热能力时刻保持在最好的状态。

五、DLP 大屏投影机的保养

DLP(Digital Light Procession，数字光处理)大屏投影机如果保养不当，即使在正常使用情况下，也可能出现故障。对于大屏投影机的保养，请按如下几步进行系统保养。

(1) 大屏投影机的工作电源为 AC 220 V，电源电压大的波动，特别是电源的瞬间断电，立即再加电，会对投影机的高压点灯电路板和灯泡产生致命的伤害。因此对电源的稳定应特别关注，要特别防止断电后立即加电。

(2) 大屏的每个投影机都有一个电源开关，投影机关机后绝不能马上开机，必须等 10 分钟后才能开机；为了防止开机大电流对电源的冲击，投影机必须一个一个地打开，且每个投影机的开机应间隔一段时间。

(3) 频繁地开关投影机对高压点灯电路板和灯泡寿命有影响，应尽量减少大屏的开、关机次数。

(4) 大屏的屏幕、反射镜镜面、投影机的镜头容易落上灰尘，因此要尽量保持机房的干净。

(5) 大屏工作时，投影机会产生较大的热量，主要是灯泡，因此机房空调应不间断保持正常工作。

(6) 禁止用手触摸大屏的屏幕，表面的灰尘可用新的柔软的毛巾轻轻擦拭掉，应尽量少擦。反射镜镜面禁止擦拭，以防止将正面镀膜擦掉。投影机镜头的灰尘可用擦镜纸轻轻擦拭掉，应尽量少擦。

(7) 大屏较多发生故障的地方是灯泡。查看灯泡时要关掉投影机的电源，打开后盖板，拧松投影机罩壳上的两个螺丝，取开罩壳，拔下灯泡上的插头，握住灯泡后部，前推，旋转，取下灯泡；若灯泡坏了可看到灯泡里有炸碎的碎片。换灯泡与拆卸灯泡相似，前推，旋转灯泡卡牢，插上灯泡上的插头，盖上投影机罩壳和后盖。

(8) 投影机开机后如果不显示图像，可能是投影机的信号输入选择改变了，可通过大屏操作软件对该屏设置选择信号输入端口。

六、硬盘录像机 SATA 硬盘的更换

硬盘录像机在全年每天 24 小时工作后，若出现故障，应快速更换 SATA 硬盘，具体的操作步骤如下：

(1) 安装硬盘数据线和电源线。SATA 硬盘与传统硬盘在接口上有很大差异，SATA 硬盘采用 7 针细线缆而不是常见的 40/80 针扁平硬盘线作为传输数据的通道，如图 6.8 所示。细线缆的优点在于它很细，因此弯曲起来非常容易(但是对于 SATA 数据线，最好不要弯曲成 90°，否则会影响数据传输)。

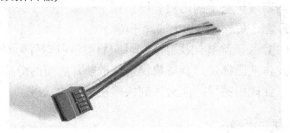

图 6.8　SATA 硬盘数据线

(2) 用细线缆将 SATA 硬盘连接到接口卡或主板上的 SATA 接口上，如图 6.9 所示。由于 SATA 采用了点对点的连接方式，每个 SATA 接口只能连接一块硬盘，因此不必像并行硬盘那样设置跳线，系统自动会将 SATA 硬盘设定为主盘，如图 6.10 所示。

图 6.9　SATA 硬盘数据接口

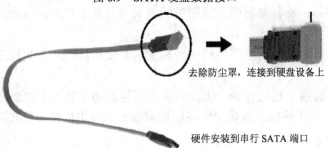

去除防尘罩，连接到硬盘设备上

硬件安装到串行 SATA 端口

图 6.10　SATA 硬盘数据线

(3) SATA 硬盘在使用上完全兼容传统的并行硬盘，因此在驱动程序的安装使用上一般不会有什么问题。如果使用的操作系统是 Windows 9X/ME，那么只需进入 BIOS，在里面的 SATA 选项下简单设置一下就可以了。不过 SATA 硬盘在安装 Windows XP 时可能会出现一些问题。由于 Windows XP 无法辨认出连接在接口卡上的 SATA 硬盘，所以用户必须

手工安装 SATA 硬盘的驱动程序。如果要重装新的操作系统,在安装过程中,当 Windows XP 寻找 SCSI 设备时按下 F6 键,然后插入随 SATA 接口卡附送的驱动软盘,就可以正常进入系统了。

七、硬盘录像机 IDE 硬盘的更换

硬盘录像机要兼容工程专业机器,部分工程机使用的是 IDE 接口的硬盘,若出现故障,应快速更换 IDE 硬盘。

(1) 卸下外部机盖。外部机盖包括机箱的顶盖、左侧和右侧面板。必须打开外部机盖,才能对内部组件进行操作。使用十字螺丝刀,卸下背板外侧边缘的 3 颗螺丝钉,如图 6.11 所示。

(2) 将外部机盖向后滑,然后向上提起,如图 6.12 所示。

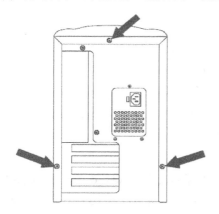

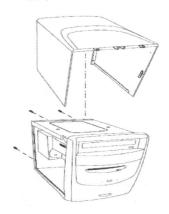

图 6.11 主机机箱背面示意图　　　　　　图 6.12 开启主机机箱示意图

(3) 从机箱打开的一侧找到与硬盘相连的两根线缆,即数据线和电源线。记住数据线上彩色条带的方向,如图 6.13 所示。

(4) 拔下电源线和排线,并拧下连接硬盘盒与机箱一侧的两颗螺丝钉,如图 6.14 中 3 所示位置有 3 个固定螺栓。

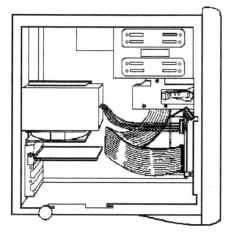

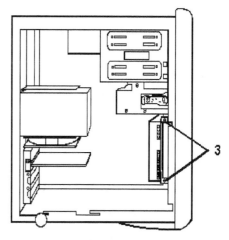

图 6.13 主机内部侧面示意图　　　　　　图 6.14 硬盘固定位置示意图

(5) 从机箱中取出硬盘和硬盘盒。注意硬盘盒在机箱中的安装位置。卸下连接硬盘和硬盘盒的 4 颗螺丝钉，把硬盘盒放在一旁。把新硬盘放进硬盘盒，对准硬盘螺丝孔和硬盘盒螺丝孔。用刚才卸下来的 4 颗螺丝钉将硬盘和硬盘盒拧紧，并把硬盘盒固定到机箱上。重新连接数据线和电源线，确保每条连接线都正确对准并牢固固定。

(6) 站在机箱后方，放下机箱顶部的机盖。机盖和机箱前端留出约 25 mm(1 英寸)的缝隙。将机盖滑到机箱前端，使其打入到位。固定背板上的 3 颗螺丝钉。重新连接所有的连接线并开启机箱，如图 6.15 所示。

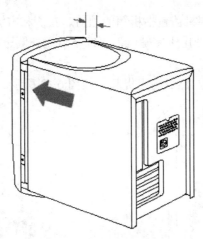

图 6.15　主机盒盖示意图

注意：检查是否已正确装回机盖，可向外拉机盖的底边。如果面板的底边已经固定，说明机盖已正确安装。如果底边被拉出，则说明未成功安装，应向后推外侧机盖，重新安装。

学习情境七　阅 读 资 料

资料一　安装硬盘总容量的参考计算方法

根据录像要求(录像类型、录像资料保存时间)计算一台硬盘录像机所需总容量的具体计算方法如下:

(1) 根据下式计算单个通道每小时所需的存储容量,单位为 MB。

$$q_i = d_i \div 8 \times 3600 \div 1024 \tag{7-1}$$

式中, d_i 为码率(即录像设置中的"位率/位率上限"),单位为 Kb/s。

(2) 确定录像时间要求后,根据下式计算单个通道所需的存储容量,单位为 MB。

$$m_i = q_i \times h_i \times D_i \tag{7-2}$$

式中, h_i 为每天录像时间(小时), D_i 为需要保存录像的天数。

(3) 根据下式计算硬盘录像机所有通道定时录像时所需的总容量(累加)。

$$q_T = \sum_{i=1}^{C} m_i \tag{7-3}$$

式中, C 为一台硬盘录像机的通道总数。

(4) 根据下式计算硬盘录像机所有通道报警录像(包括移动侦测)所需的总容量(累加)。

$$q_T = \sum_{i=1}^{C} m_i \times a\% \tag{7-4}$$

式中, $a\%$ 为报警发生率。

例如:当位率类型设置为定码率时,根据不同的码流大小,1 个通道 1 小时产生的文件大小如表 7.1 所示。

表 7.1　不同码流时 1 个通道 1 小时产生的文件大小

码流大小(位率上限)/Kb	文件大小/MB	码流大小(位率上限)/Kb	文件大小/MB
96	42	128	56
160	70	192	84
224	98	256	112
320	140	384	168
448	196	512	225
640	281	768	337

资料二　认识监控主服务器

Dell PowerEdge 2950 和 2850 服务器的面板拆掉后如图 7.1 所示。

图 7.1　Dell PowerEdge 2950、2850 服务器

　　图 7.1 中，上面是 2950，下面是 2850。在 2950 上使用了 2.5 英寸的 SAS 硬盘，原来的 2850 能够放 6 个硬盘仓，2950 则跃升到了 8 个硬盘仓，而且在 DVD 和软驱下还有很大的空间，可以用来放磁带存储设备，如图 7.2 所示，单机的存储空间和容量大大提升了。另外，SAS 最大的好处是数据传输的速率非常高，使得存储系统的性能大幅度提升，如图 7.3 所示。

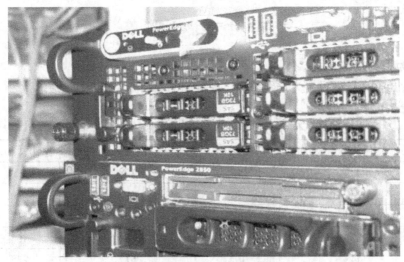

图 7.2　服务器 DVD 和软驱位置

图 7.3　硬盘位

　　服务器上有 3 块 10 K 转速的 73 GB 的 2.5 英寸小硬盘，是热插拔的配置，如图 7.4 所示。服务器的内部结构如图 7.5 所示。

图 7.4　硬盘位内部

图 7.5　服务器内部结构

2950 的内部散热和空气是流通的，布置了强劲的风扇，如图 7.6 所示。两个 CPU 在风扇后，而风道还涵盖了对内存条的散热，如图 7.7 所示。

图 7.8 左下角的背板扳手下方的以太网快速网口是 Dell 的 DRAC 5 远程访问卡的接口，绝大多数安装操作都依赖它。

图 7.6　服务器内部插槽

图 7.7　服务器背面 1

图 7.8　服务器背面 2

资料三　服务器硬盘接口

现在服务器上采用的硬盘接口技术主要有两种，即 SATA 和 SCSI，使用 SAS 硬盘的产品目前也已经上市，当然还有高端的光纤硬盘，其中前两种是最常见的。下面就 SATA、SCSI、SAS 等接口技术作简单介绍。

1. SATA

SATA(Serial Advanced Technology Attachment)即串行 ATA，目前能够见到的有 SATA-1 和 SATA-2 两种标准，对应的传输速率分别是 150 Mb/s 和 300 Mb/s。SATA 主要用于取代遇到瓶颈的 PATA 接口技术。从数据传输速度上来看，SATA 在传输方式上比 PATA 先进，已经把 PATA 硬盘远远甩到了后面。其次，从数据传输角度来看，SATA 比 PATA 抗干扰能力更强，如图 7.9 所示。

图 7.9　SATA 接口

　　SATA-1 目前已经得到广泛应用，其最大的数据传输速率为 150 Mb/s，信号线最长 1 m。SATA 一般采用点对点的连接方式，即一头连接主板上的 SATA 接口，另一头直接连硬盘，没有其他设备可以共享这条数据线，而并行 ATA 允许每条数据线可以连接 1~2 个设备，因此也就无需像并行 ATA 硬盘那样设置主盘和从盘。

　　另外，SATA 所具备的热插拔功能是 PATA 所不能比的，利用这一功能可以更加方便地组建磁盘阵列。串口的数据线由于只采用了四针结构，因此与并口安装相比更加便捷，更有利于缩减机箱内的线缆，且有利于散热。

　　2. SCSI

　　SCSI(Small Computer System Interface)是一种专门为小型计算机系统设计的存储单元接口模式，可以对计算机中的多个设备进行动态分工操作，对于系统同时要求的多个任务可以灵活分配，动态完成，如图 7.10 所示。

图 7.10　SCSI 接口

　　SCSI 规范发展到今天，已经是第六代技术了，从刚创建时候的 SCSI(8 bit)、Wide SCSI(8 bit)、Ultra Wide SCSI(8 bit/16 bit)、Ultra Wide SCSI 2(16 bit)、Ultra 160SCSI(16 bit)到今天的 Ultra 320SCSI，速度从 1.2 Mb/s 到现在的 320 Mb/s，有了质的飞跃。目前的主流 SCSI 硬盘

都采用了 Ultra 320SCSI 接口，能提供 320 Mb/s 的接口传输速度，如图 7.11 所示。

图 7.11　SCSI 硬盘接口

SCSI 硬盘也有专门支持热插拔技术的 SCA2 接口(80-pin)，与 SCSI 背板配合使用，就可以轻松实现硬盘的热插拔。目前在工作组和部门级的服务器中，热插拔功能几乎是必备的。

3. SAS

2001 年 11 月 26 日，Compaq、IBM、LSI 罗技、Maxtor 和 Seagate 联合宣布成立 SAS(Serial Attached SCSI，串行连接 SCSI)工作组，其目标是定义一个新的串行点对点的企业级存储设备接口。

SAS 技术引入了 SAS 扩展器，使 SAS 系统可以连接更多的设备，其中每个扩展器允许连接多个端口，每个端口可以连接 SAS 设备、主机或其他 SAS 扩展器。为保护用户投资，SAS 规范并兼容了 SATA，这使得 SAS 的背板可以兼容 SAS 和 SATA 两类硬盘，对用户来说，使用不同类型的硬盘时不需要再重新投资。

目前，SAS 接口速率为 3 Gb/s，其 SAS 扩展器多为 12 端口。不久将会有 6 Gb/s 甚至 12 Gb/s 的高速接口出现，并且会有 28 或 36 端口的 SAS 扩展器出现以适应不同的应用需求。

由于 SCSI 具有 CPU 占用率低、多任务并发操作效率高、连接设备多、连接距离长等优点，对于大多数的服务器应用，建议采用 SCSI 硬盘，并采用最新的 Ultra 320SCSI 控制器。SATA 硬盘也具备热插拔能力，并且在接口上具备很好的可伸缩性，如在机架式服务器中使用 SCSI-SATA、FC-SATA 转换接口以及 SATA 端口位增器(Port Multiplier)，因此具有比 SCSI 更好的灵活性。对于低端的小型服务器应用，可以采用最新的 SATA 硬盘和控制器。

资料四　认识 PC 式 DVR 常用的接口类型

计算机的发展经历了半个世纪，但真正现代意义上的计算机则是从多媒体概念电脑产生开始的。另外，计算机外设的功能延伸，直接导致了计算机外部接口的发展。外部接口不仅涉及传输匹配、不同设备、不同速度，同时，对于极大扩展计算机的日常应用功能，也有着很重要的意义。由于计算机采用的是模块化结构，也就决定了其接口众多的特点。

1. COM 接口

目前大多数主板都提供了两个 COM 接口(如图 7.12 所示)，即 COM1 和 COM2，作用是连接串行鼠标和外置调制解调器等设备。COM1 口的 I/O 地址是 03F8h～03FFh，中断号是 IRQ4；COM2 口的 I/O 地址是 02F8h～02FFh，中断号是 IRQ3。可见 COM2 口比 COM1口的响应具有优先权。早期的 PC 中基本都采用了 COM 口的鼠标，但随着 PS/2 和 USB 接口的盛行，COM 口的作用受到了前所未有的挑战。

图 7.12　两个 COM 接口

2. PS/2 接口

PS/2 接口(如图 7.13 所示)的功能比较单一，仅能用于连接键盘和鼠标，一般情况下，鼠标的接口为绿色，键盘的接口为紫色。PS/2 接口的传输速率比 COM 接口稍快一些，是目前应用最为广泛的接口之一，但同样面临着 USB 接口的挑战。

图 7.13　PS/2 接口(上为鼠标接口，下为键盘接口)

3. LPT 接口

LPT 接口一般用来连接打印机或扫描仪，其默认的中断号是 IRQ7，采用 25 脚的 DB-25接头，如图 7.14 所示。该接口的工作模式主要有三种：

① SPP(标准工作模式)，采用半双工单向数据传输，传输速率较慢，仅为 15 Kb/s，但应用较为广泛，一般设为默认的工作模式。

② EPP(增强型工作模式)，采用双向半双工数据传输，其传输速率比 SPP 高很多，可达 2 Mb/s，目前已有不少外设使用此工作模式。

③ ECP(扩充型工作模式)，采用双向全双工数据传输，传输速率比 EPP 还要高一些，但支持的设备不是很多。

如果此接口损坏，要么换用 USB 类设备，要么给这台电脑换主板，好在现在大多数主板都有此接口，但真正用此接口的设备却是越来越少了。

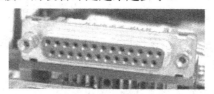

图 7.14 打印机接口

4. USB 接口

USB 接口(如图 7.15 所示)是现在最为流行的接口，最大可以支持 127 个外设，并且可以独立供电，应用非常广泛。USB 接口可以从主板上获得 500 mA 的电流，支持热插拔，真正做到了即插即用。一个 USB 接口可同时支持高速和低速 USB 外设的访问，由一条 4 芯电缆连接，其中两条是正负电源，两条是数据传输线。高速外设的传输速率为 12 Mb/s，低速外设的传输速率为 1.5 Mb/s。盛行的 USB2.0 标准的最高传输速率可达 480 Mb/s。

图 7.15 USB 接口

5. IEEE 1394 接口

IEEE 1394 接口(如图 7.16 所示)的传输速率最高可达到 400 Mb/s，适合连接高速设备，如数码相机等。当设备间采用树形或菊花链连接时，可同时支持 63 个外设工作。一般的 IEEE 1394 接口通过一条 6 芯的电缆与外设连接，也有的用 4 芯电缆。6 芯电缆和 4 芯电缆的区别在于 6 芯电缆是随机提供电源，而 4 芯电缆不提供电源。该接口也是未来的一个发展方向，目前已有部分设备加入了对它的支持，但价格较为昂贵，购买价值不是很高。性价比不高是此类技术不能流行的最大原因。

图 7.16 IEEE 1394 接口

6. MIDI 接口

声卡的 MIDI 接口(如图 7.17 所示)和游戏杆接口是共用的。接口中的两个针脚用来传送 MIDI 信号，可连接各种 MIDI 设备，如电子键盘等。对于绝大多数声卡，在连接 MIDI 设备时需要向声卡的制造商另外购买一条 MIDI 转接线，包括两个圆形的 5 针 MIDI 接口和一个游戏杆接口，由于它们的信号是分离的，所以游戏杆和 MIDI 设备可以同时使用。

图 7.17　MIDI 接口

7. SCSI 接口

SCSI 接口(如图 7.18 所示)的速度、性能和稳定性都非常出色，但价格也要贵一些，主要面向服务器和工作站市场。SCSI 是一种连接主机和外围设备的接口，支持包括硬盘、光驱、扫描仪等在内的多种设备。SCSI 控制器相当于一块小型 CPU，有自己的命令集和缓存，能够处理大部分工作，从而减轻中央处理器的负担(降低 CPU 占用率)。现在的大多数服务器设备广泛采用此接口，以解决硬盘的读写瓶颈问题。

图 7.18　两个 SCSI 接口

资料五　图解硬盘录像机双硬盘安装

如果录像资料太多，原有的一个硬盘已不够用，则可增加一个大容量的硬盘，完成多硬盘系统。在正式安装双硬盘之前，必须先确定机箱电源能满足新增硬盘的电源需求。一般机箱中的电源输出功率都在 200 W 以上，最好将电源增加至 230 W 或更大，以防增加设备后的电源功率不足。二是必须确定机箱内尚有空闲的硬盘线插头。目前大多数主板都提供了两个 EIDE 接口，可连接两根双插头的 40 芯硬盘线(数据线)、4 块 IDE 兼容设备。按一般的配置，两根电缆可接 4 块诸如硬盘、光驱等 IDE 设备。

(1) 通过跳线设置先确定两块硬盘的主、从位置，如图 7.19 和图 7.20 所示。

将新加装的硬盘作为主盘。硬盘正面或反面大多都印有主盘(Master)、从盘(Slave)以及由电缆选择(Cable Select)的跳线方法。硬盘的跳线器通常有 9 针 4 组，其中一根叫 "Key"，用于定位以便正确识别跳线位置。硬盘上不但印制了跳线说明而且还标明了电源线和硬盘线的正确连接方法。

如果不看跳线，通常连接在中间插头位置的硬盘是主盘，而连接在两侧插头位置的硬盘就是从盘。了解了这一点，如果将来需要交换硬盘主、从状态，只要将连接的硬盘线插头位置对调一下即可。

 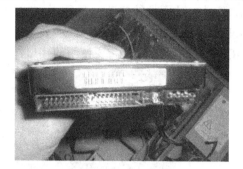

图 7.19　取出跳线　　　　　　　　　　　　图 7.20　更换跳线

　　(2) 用十字螺丝刀打开机箱,在空闲插槽中挂上已经设置好主、从盘跳线的硬盘,并将硬盘用螺丝钉固定,如图 7.21 所示。

　　两块硬盘的连接方法可以按确定好的主、从盘来分别连接电源线和硬盘线。电源线和硬盘线的正确连接方法如图 7.22 所示。

　　如果新加装的硬盘与原先使用的硬盘型号或接口标准相同,则可以将两块硬盘连接在同一根硬盘线上。由于主机中是将硬盘和光驱分别接在第一(Primary)硬盘线和第二(Secondary)硬盘线上(此法主要是不想让慢速的光驱影响快速的硬盘)的,因此在这次安装中,把原有的硬盘作为从盘,与光驱使用了同一条硬盘线。数据线全部连接完毕后,将两块硬盘都接通电源。

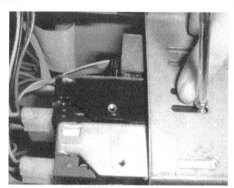 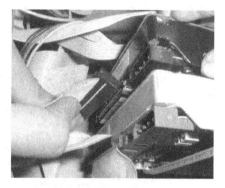

图 7.21　固定硬盘　　　　　　　　　　图 7.22　电源线、硬盘线的连接

　　(3) 硬盘内部信号线和电源线安装并连接好后,下面就可以给主机加电并进入 CMOS 进行必要的设置了,如图 7.23 所示。

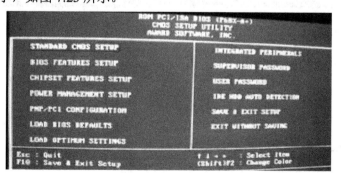

图 7.23　CMOS 界面

要增加对硬盘的修改，只需对 CMOS 菜单中的"STANDARD CMOS SETUP"和"INTEGRATED PERIPHERALS"两项中部分内容进行设置就可以了。在"STANDARD CMOS SETUP"设置中将要使用的接口都设置成"ATUO"即可，如图 7.24 所示。

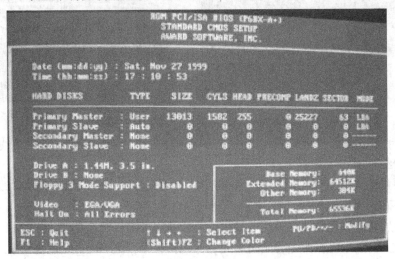

图 7.24　接口设置

重新开机后，当电脑检测到某一端口接有硬盘时就会自动对其进行正确设置，然后将硬盘接口类型和参数显示在屏幕上。当 CMOS 中的必要设置完成后，退到主菜单并选择"SAVE & EXIT SETUP"，退出 CMOS 并重新启动系统，如图 7.25 所示。

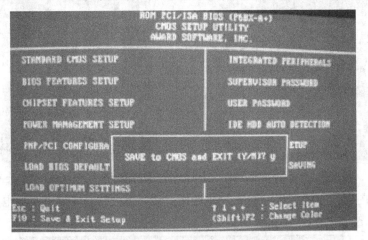

图 7.25　保存设置并重新启动系统

资料六　信　号　接　口

1. S 端子

S 端子(S-Video)是应用最普遍的视频接口之一(如图 7.26 所示)，是一种视频信号专用输出接口。

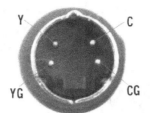

图 7.26 标准 S 端子

　　常见的 S 端子是一个 5 芯接口(如图 7.27 所示)，其中两路传输视频亮度信号，两路传输色度信号，一路为公共屏蔽地线，由于省去了图像信号 Y 与色度信号 C 的综合、编码、

图 7.27 标准 S 端子连接线

合成以及电视机机内的输入切换、矩阵解码等步骤，可有效防止亮度、色度信号复合输出的相互串扰，提高图像的清晰度(如图 7.28 所示)。一般 DVD 或 VCD、TV、PC 都具备 S 端子输出功能(如图 7.29、图 7.30 和图 7.31 所示)，投影机可通过专用的 S 端子线与这些设备的相应端子连接进行视频输入。

图 7.28 显卡 9 针增强 S 端子示意图

图 7.29 S 端子转接线

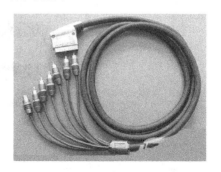

图 7.30 S 端子转 AV 信号连接线

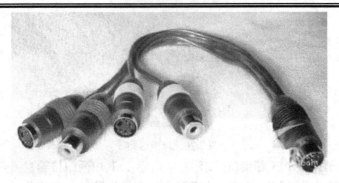

图 7.31 与电脑 S 端子连接需使用专用线，如 VIVO 线

2. VGA 接口

VGA(Video Graphics Adapter)接口的信号类型为模拟类型，视频输出端的接口为 15 针母插座，视频输入端的接口为 15 针公插头。DVI 接口正在取代 VGA 接口，图 7.32 为 DVI 转 VGA 的转接头。VGA 端子含红(R)、黄(G)、蓝(B)三基色信号和行(HS)、场(VS)扫描信号。VGA 接口也叫 D-Sub 接口，其外形像字母"D"，具备防呆性，以防插反。VGA 接口共有 15 个针孔，分成三排，每排五个。VGA 接口是显卡上输出信号的主流接口，可与 CRT 显示器或具备 VGA 接口的电视机相连。VGA 接口本身可以传输 VGA、SVGA、XGA 等现在所有格式、任何分辨率的模拟 RGB + HV 信号，其输出的信号已可和任何高清接口相媲美。如图 7.33 所示为 VGA 转 DVI 线，可用在没有 VGA 接口的设备上。

图 7.32 DVI 转 VGA 的转接头

图 7.33 VGA 转 DVI 线

目前 VGA 接口不仅被广泛应用在了电脑上，很多投影机、影碟机、TV 等视频设备也都配有此接口。另外，很多投影机上还有 BGA 输出接口，用于视频的转接输出。

3. 分量视频接口

分量视频接口也叫色差输出/输入接口，又叫 3RCA(RCA 即莲花插座，俗称"莲花头")，如图 7.34、图 7.35 所示。

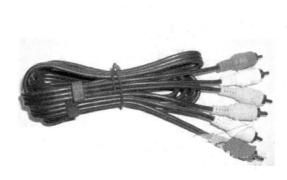

图 7.34 3RCA 连接线　　　　　　　　　　图 7.35 标准的 3RCA 接头

分量视频接口通常采用 YPbPr 和 YCbCr 两种标识。分量视频接口/色差端子是在 S 端子的基础上，把色度(C)信号里的蓝色差(b)、红色差(r)分开发送，其分辨率可达到 600 线以上，可以输入多种等级信号，从最基本的 480i 到倍频扫描的 480P，甚至 720P、1080i 等等。例如，显卡上的 YPbPr 接口采用 9 针 S 端子(mini-DIN)，然后通过色差输出线独立传输。

分量视频接口是一种高清晰度的数字电视专业接口(逐行色差 YPbPr)，可连接高清晰度的数字信号机顶盒、卫星接收机、影碟机，以及各种高清晰度的显示器/电视设备，如图 7.36 所示。目前可以在投影机或高档影碟机等家电上看到的有 YUV YCbCr Y/B-Y/B-Y 等标记的接口标识，虽然其标记方法和接头外形各异，但都是色差端口。YPbPr 是逐行输入/输出，YCbCr 是隔行输入/输出。分量视频接口与 S 端子相比，多传输 PB、PR 两种信号，避免了两路色差混合解码并再次分离的过程，从而避免了因繁琐的传输过程所带来的图像失真，所以其传输效果优于 S 端子。具有这个接口的投影机可以和提供这类输出的电脑、影碟机和 DV 等设备相连，并可连接数字电视机顶盒，接收高画质的数字电视节目。

图 7.36 3RCA 转接头

4. BNC 接口

BNC 接口有别于普通 15 针 D-SUB 标准接头的特殊显示器接口，或称 RGB 端子、5RCA(Red/Green/Blue/H-sync/V-sync，为了方便使用，日本一些厂商将 RGBHV 接口的接线柱做成了色差常用的 RCA 接头，而不是 RGBHV 常用的 BNC(螺旋锁自锁紧形式))，如图7.37 所示。它由 RGB 三原色信号及行同步、场同步五个独立信号接头组成。

图 7.37　标准的 BNC 接口

BNC 电缆有 5 个连接头用于接收红、绿、蓝、水平同步和垂直同步信号，如图 7.38 所示。BNC 接头可以隔绝视频输入信号，使信号相互间的干扰减少且信号频宽较普通 D-SUB 大，达到最佳信号响应效果。它可传送数字信号至 150/300M 以上，传送模拟信号达 300M 以上，通常用于工作站和同轴电缆连接的连接器，标准专业视频设备输入、输出等领域，在投影机上也很常见，如图 7.39 和图 7.40 所示。

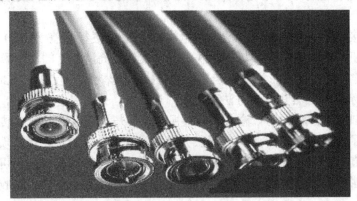

图 7.38　标准的 BNC 线

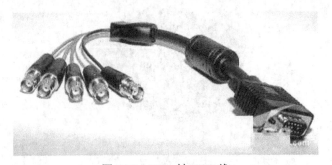

图 7.39　VGA 转 BNC 线

图 7.40 DVI 转 BNC 线

VGA 转 5RCA 线可用于投影机没有标配 VGA/DVI 接口(标配 HDMI)的场合,如图 7.41 和图 7.42 所示。

转接线

图 7.41 5RCA 接口　　　　　　　　　　　图 7.42 VGA 转 5RCA 线

5. 标准视频输入接口(RCA)

RCA 是最常见的音/视频输入和输出接口,也被称为 AV 接口(复合视频接口),如图 7.43 所示。RCA 接头通常都是成对的,把视频和音频信号"分开发送",避免了因为音/视频混合干扰而导致的图像质量下降,如图 7.44 所示。由于 AV 接口传输的仍是一种亮度/色度(Y/C)混合的视频信号,需显示设备对其进行亮/色分离和色度解码才能成像,这种先混合再分离的过程必然会造成色彩信号的损失,所以其目前主要被用在入门级音视频设备和应用上,如图 7.45 所示。

图 7.43 RCA 接口

图 7.44　RCA 转换线

图 7.45　RCA 转接延长头

如图 7.46 和图 7.47 所示的音频接口与视频接口，使用时只需要将带莲花头的标准 AV 线缆与其他输出设备(如放像机、影碟机)上的相应接口连接起来即可。

图 7.46　插入示意图

图 7.47　RCA 接头

6. DVI 接口

目前的 DVI(Digital Visual Interface)接口有两种，一种为 DVI-D(Digital，所谓纯数字)接口，如图 7.48 所示，只能接收数字信号，接口上只有 3 排 8 列共 24 个针脚，其中右上角的一个针脚为空。它不兼容模拟信号。一种为 DVI-I(Inteface，通用接口，可通过转接头兼容 VGA 信号)接口，如图 7.49 所示，可同时兼容模拟(其可以通过一个 DVI-I 转 VGA 转接头实现模拟信号的输出)和数字信号，目前多数显卡、液晶显示器、投影机皆采用这种接口，如图 7.50 和图 7.51 所示。

图 7.48　DVI-D 接口

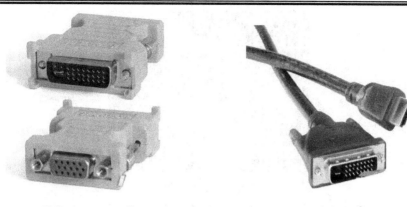

图 7.49 DVI-I 接口   图 7.50 DVI 转 HDMI 线

图 7.51 DVI 转色差接头

两种 DVI 接口的显卡接口相互之间不能直接连接使用。如果播放设备采用的是 DVI-D 接口，而投影机是 DVI-I 接口，那么还需要另配一个 DVI-D 转 DVI-I 的转接头或转接线才能正常连接。DVI 传输的是数字信号，数字图像信息不需经过任何转换就会被直接传送到显示设备上，减少了"数字→模拟→数字"繁琐的转换过程，大大节省了时间，因此它的速度更快，有效地消除了拖影现象。使用 DVI 进行数据传输，信号没有衰减，色彩更纯净，更逼真，更能满足高清晰信号传输的需求。

DVI-I 接口兼容模拟和数字信号，并不意味着模拟信号的接口 D-Sub 可以连接在 DVI-I 接口上，而是必须通过一个转换接头才能使用，一般采用这种接口的显卡都会带有相关的转换接头，如图 7.52 所示。

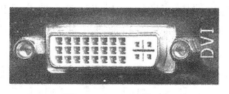

图 7.52 DVI-I 接口

7. HDMI 接口

HDMI(High Definition Multimedia，高清晰度多媒体)接口如图 7.53 所示。HDMI 连接器共有两种，即 19 针的 A 类连接器和 29 针的 B 类连接器。B 类的外形尺寸稍大，支持双连接配置，可将最大传输速率提高一倍。使用这两类连接器可以分别获得 165 MHz 及 330 MHz 的像素时钟频率。

图 7.53　HDMI 接口

　　HDMI 接口可以提供高达 5 Gb/s 的数据传输带宽，可以传送无压缩的音频信号及高分辨率的视频信号，同时无需在信号传送前进行数/模或者模/数转换，保证了最高质量的影音信号传送。HDMI 在针脚上和 DVI 兼容，只是采用了不同的封装。与 DVI 相比，HDMI 可以传输数字音频信号，并增加了对 HDCP 的支持，同时提供了更好的 DDC 可选功能。HDMI 支持 5 Gb/s 的数据传输率，最远可传输 15 m，足以应付一个 1080P 的视频和一个 8 声道的音频信号。由于一个 1080P 的视频和一个 8 声道的音频信号需求少于 4 Gb/s，因此 HDMI 还有余量，这允许它可以用一个电缆分别连接 DVD 播放器、接收器和 PRR。此外，HDMI 支持 EDID、DDC2B，因此具有 HDMI 的设备具有"即插即用"的特点，信号源和显示设备之间会自动进行"协商"，自动选择最合适的视频/音频格式，如图 7.54 和图 7.55 所示。

图 7.54　HDMI 转 DVI-D 接头

图 7.55　HDMI 转 DVI-D 转接线

　　应用 HDMI 的好处是只需要一条 HDMI 线便可以同时传送影音信号，而不需要多条线来连接；同时，由于无线进行数/模或者模/数转换，能取得更高的音频和视频传输质量。对消费者而言，HDMI 技术不仅能提供清晰的画质，而且由于音频/视频采用同一电缆，大大简化了家庭影院系统的安装。

　　随着电视分辨率的逐步提升，高清电视越来越普及，HDMI 接口主要就是用于传输高质量、无损耗的数字音视频信号到高清电视。美国自 2005 年 7 月 1 日起，所有数字电视周边产品都内建了 HDMI 或 DVI。

8. 其他接口

1) RS232C 接口

　　RS232C(串口)是一个通信接口，如图 7.56 所示，可以用于仪器的二次开发，不过在单机工作的时候没有什么用处。RS232C 端口被用于将计算机信号输入控制投影机。

图 7.56 RS232C(串口)

2) RJ45 接口

RJ45 是网络设备的标准接口，指的是由 IEC 603-7 标准化、使用由国际性的接插件标准定义的 8 个位置(4 或 8 针)的模块化插孔或者插头，如图 7.57 所示，是通过双绞线网线/水晶头互连的。投影机通过 RJ45 接口可以和各种电脑设备进行互连和资源共享。

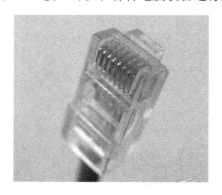

图 7.57 RJ45 接口

3) 音频输入接口

音频输入接口又叫 AV 接口或 2RCA 接口，RCA 是 AV 端子，一般叫莲花头接口；2RCA 表示两个莲花头。如图 7.58 所示，可输入来自计算机、录像机、影碟机等的音频信号，用自带扬声器播放。RCA 音频端子一般成对地用不同颜色标注，右声道用红色(或者用字母"R"表示"右")，左声道用黑色或白色。有的时候，中置和环绕声道连接线会用其他的颜色标注，以方便接线时区分，但整个系统中所有的 RCA 接头在电气性能上都是一样的。一般来讲，RCA 立体声音频线都是左右声道为一组，每声道外观上是一根线。

图 7.58 3.5 mm 音频接口转 2RCA 实物图

4) USB 接口

USB(Universal Serial Bus，通用串行总线)也称通用串联接口，是一个外部总线标准，用于规范电脑与外部设备的连接和通信，是应用在 PC 领域的接口技术。USB 接口支持设备的即插即用和热插拔功能。它有以下优势：

(1) 可以热插拔。这就使得用户在使用外接设备时，不需要重复"关机将并口或串口电缆接上再开机"这样的动作，而是在电脑工作时就可以将 USB 电缆插上使用。

(2) 携带方便。USB 设备大多以"小、轻、薄"见长，对用户来说，同样 20 G 的硬盘，USB 硬盘的重量是 IDE 硬盘的一半，在要随身携带大量数据时，当然 USB 硬盘会是首选了。

(3) 标准统一。在有了 USB 之后，常见的是 IDE 接口的硬盘、串口的鼠标键盘和并口的打印机扫描仪。这些应用外设统统可以用同样的标准与个人电脑连接，这时就有了 USB 硬盘、USB 鼠标、USB 打印机等等。

(4) 可以连接多个设备并延长。USB 在个人电脑上往往具有多个接口，可以同时连接多个设备，如图 7.59 所示。

图 7.59　USB 接口

附录 公路收费及监控员国家职业标准

一、职业概况

1.1 职业名称

公路收费及监控员。

1.2 职业定义

从事公路通行费收取及稽查、公路监控及设备操作维护、公路交通量统计及分析的人员。

1.3 职业等级

本职业共设四个等级，分别为：初级(国家职业资格五级)、中级(国家职业资格四级)、高级(国家职业资格三级)、技师(国家职业资格二级)。其中公路收费员和交通量调查员只设初、中、高三个等级。

1.4 职业环境

室内、室外，随季节、地区变化接触低温和高温，因工作环境接触粉尘、噪声及汽车尾气。

1.5 职业能力特征

具有一定的学习和计算能力；具有较好的表达能力、形体知觉和色觉；手指、手臂灵活，动作协调。

1.6 基本文化程度

高中毕业(或同等学历)。

1.7 培训要求

1.7.1 培训期限

全日制职业学校教育，根据其培养目标和教学计划确定。晋级培训期限：初级不少于160标准学时；中级不少于120标准学时；高级不少于100标准学时；技师不少于80标准学时。

1.7.2 培训教师

培训初、中、高级人员的教师应具有本职业技师职业资格证书或相关专业中级及以上专业技术职务任职资格；培训技师的教师应具有本职业技师职业资格证书两年以上或相关专业高级专业技术职务任职资格。

1.7.3 培训场地设备

满足教学需要的标准教室和具有相应监控、收费、交通情况调查等设备的场地。

1.8 监定要求

1.8.1 适用对象

从事或准备从事本职业的人员。

1.8.2 申报条件

——初级(具备以下条件之一者)：

(1) 经本职业初级正规培训达规定标准学时数，并取得结业证书。

(2) 在本职业连续见习工作 2 年以上。

——中级(具备以下条件之一者)：

(1) 取得本职业初级职业资格证书后，连续从事本职业工作 2 年以上，经本职业中级正规培训达规定标准学时数，并取得结业证书。

(2) 取得本职业初级职业资格证书后，连续从事本职业工作 3 年以上。

(3) 连续从事本职业工作 5 年以上。

(4) 经有关部门审核认定的、以技能为培养目标的中等以上职业学校本职业(专业)及相关专业在校生或毕业生。

——高级(具备以下条件之一者)：

(1) 取得本职业中级职业资格证书后，连续从事本职业工作 4 年以上，经本职业高级正规培训达规定标准学时数，并取得结业证书。

(2) 取得本职业中级职业资格证书后，连续从事本职业工作 6 年以上。

(3) 取得本职业中级职业资格证书的大专以上本专业或相关专业毕业生，连续从事本职业工作 2 年以上。

——技师(具备以下条件之一者)：

(1) 取得本职业高级职业资格证书后，连续从事本职业工作 5 年以上，经本职业技师正规培训达规定标准学时数，并取得结业证书。

(2) 取得本职业高级职业资格证书后，连续从事本职业工作 7 年以上。

(3) 取得本职业高级职业资格证书的高级技工学校本职业(专业)毕业生和大专以上本职业(专业)或相关专业的毕业生，连续从事本职业工作 2 年以上。

1.8.3 鉴定方式

分为理论知识考试和技能操作考核。理论知识考试采用闭卷笔试方式，技能操作考试考核采用现场实际操作、模拟操作等方式。理论知识考试和技能操作考核均实行百分制，成绩皆达到 60 分以上者为合格。技师还须进行综合评审。

1.8.4 考评人员与考生配比

理论知识考试考评人员与考生配比为 1∶15，每个标准教师不少于 2 名考评人员；技能操作考试考评员与考生配比为 1∶5，且不少于 3 名考评员；综合评审委员不少于 5 人。

1.8.5 鉴定时间

理论知识考试时间为 90 分钟。技能操作考核时间：初级不少于 60 分钟，中级不少于 70 分钟，高级不少于 80 分钟，技师不少于 80 分钟；综合评审时间不少于 20 分钟。

1.8.6 鉴定场所设备

理论知识考试在标准教室进行；技能操作考核在具有必要的监控、收费、交通情况调查等设备的场所进行。

二、基本要求

2.1 职业道德与文明服务

2.1.1 职业道德基本知识

(1) 具有较强的组织纪律性、安全意识、质量意识、敬业精神、团队协作精神；

(2) 具备"好品德、好技能、好使用、好形象"的职业素质；

(3) 具有健康的身体素质和心理素质；

(4) 具有正确的审美观念和良好情操；

(5) 具有良好的人文素养和高尚的人文精神。

2.1.2 职业守则

(1) 遵纪守法，照章办事；

(2) 服从领导，听从指挥；

(3) 坚守岗位，尽职尽责；

(4) 钻研业务，高精技能；

(5) 公平公正，清正廉洁；

(6) 着装整齐，文明礼貌。

2.1.3 文明服务

文明服务准则；

行风廉政建设；

半军事化管理要求。

2.2 基础知识

2.2.1 计算机知识

(1) 计算机硬件基本知识；

(2) 计算机操作基本知识；

(3) 计算机网络基本知识。

2.2.2 车辆分类分型知识

2.2.3 交通工程一般知识

(1) 交通管理与控制；

(2) 交通安全。

2.2.4　电工、电子、机械知识

(1) 线缆、电路、光纤基本知识；

(2) 常用电子仪器、电工测量仪使用知识；

(3) 监控、监测仪器设备构造识图知识。

2.2.5　收费知识

(1) 真假货币的识别；

(2) IC 卡的基本知识；

(3) 票据、账卡管理知识；

(4) 收费设备使用知识；

(5) 收费政策；

(6) 收费突发事件应急处置预案。

2.2.6　安全生产知识

可参考国家安全生产相关条例。

2.2.7　交通量调查相关知识

(1) 《公路工程技术标准》公路分级的标准、交通量调查车型划分与车辆折算系数、交通工程及沿线设施中管理设施配置；

(2) 《公路养护技术规范》技术管理中交通情况调查的相关知识：

(3) 《公路交通情况调查交通流量调查设备技术条件》；

(4) 《公路交通情况调查设备技术管理规定》；

(5) 《公路交通情况调查统计报表制度》。

2.2.8　相关法律、法规知识

(1) 《中华人民共和国劳动法》相关知识；

(2) 《中华人民共和国公路法》相关知识；

(3) 《中华人民共和国道路交通安全法》相关知识；

(4) 《中华人民共和国收费公路管理条例》的相关知识。

三、工作要求

本标准对初级、中级、高级、技师的技能要求依次递增，高级别涵盖低级别的要求。

3.1　初级

职业功能	工作内容	技 能 要 求	相 关 知 识
一、公路收费	（一）领取票卡	(1) 能领用、核对票卡数量 (2) 能发现坏卡、废票 (3) 能识别、清点备用金 (4) 能填写票卡领用记录	(1) 收费员上岗规定 (2) 通行券(卡)基本知识 (3) 票卡数量计算方法 (4) 票卡使用规定 (5) 收费管理规定

续表一

职业功能	工作内容	技　能　要　求	相关知识
一、公路收费	(二) 发放通行卡	(1) 能登录收费(发卡)系统 (2) 能判定车型类别，判别应收、应免车辆 (3) 能操作收费终端，输入车辆信息(刷卡)或发放通行券 (4) 能控制发卡差错率在万分之五以下 (5) 能讲普通话 (6) 能在规定时间内发放通行卡并填写发卡记录及表格	(1) 车型及类别基本知识 (2) 免费车辆管理规定 (3) 计算机信息录入知识 (4) 普通话发音标准 (5) 收费卡记录表格填写规定
	(三) 收缴通行费	(1) 能输入车辆信息(刷卡) (2) 能操作计算机收费 (3) 能唱收唱付 (4) 能辨别假币 (5) 能控制收费差错率在万分之五以下 (6) 能在 20 秒内完成单车收费 (7) 能上报闯关等非正常情况 (8) 能填写当班收费记录	(1) IC 卡读写方法 (2) 计算机收费系统操作知识 (3) 识别假钞方法 (4) 收费标准 (5) 文明用语 (6) 非正常情况处理预案 (7) 收费记录填写规定
	(四) 结交票款	(1) 能在 30 秒内清点 100 张现钞 (2) 能核对和清点票卡 (3) 能填写票款结算单	(1) 现金票卡清点规定 (2) 交款单、收入日报表、收费台账填写规定 (3) 票款结算程序及安全规定 (4) 长款、短款管理规定
	(五) 维护保养设备	(1) 能清洁计算机屏幕和键盘 (2) 能更换票券等易耗品 (3) 能清洁并维护打印机、读卡器、费额显示器等设备 (4) 能清洁、维护、保养收费车道、收费站设备 (5) 能使用消防器材 (6) 能查杀计算机病毒	(1) 计算机屏幕及键盘清洁方法 (2) 票券更换方法 (3) 打印机、读卡器、费额显示器等设备的清洁和保养知识 (4) 电话、对讲机、信号灯、报警器、自动栏杆机等设备维护常识 (5) 用电安全基本知识 (6) 消防器材使用方法
二、公路监控	(一) 监控收费	(1) 能操作计算机并进行文字处理 (2) 能操作录像设备 (3) 能辨别收费设备是否正常工作 (4) 能辨别车型 (5) 能填写监控记录 (6) 能判别收费员作业的正误 (7) 能进行一般的特殊情况处理	(1) 公路监控操作人员职责 (2) 计算机基础知识 (3) 监控设备的名称和用途 (4) 车辆分类标准

续表二

职业功能	工作内容	技　能　要　求	相　关　知　识
二、公路监控	(二) 监控道路通行状况	(1) 能适时调整监控范围 (2) 能接听和记录救援电话 (3) 能发现交通事故、偶然事件等异常情况，并及时向上级汇报	(1) 交通安全基本知识 (2) 堵塞车道、抢劫、聚众闹事、火灾等重大紧急事件处理规定 (3) 特殊车道使用有关规定
	(三) 采集与发布信息	(1) 能检测交通量参数 (2) 能检测气象信息 (3) 能采集正常道路(隧道)养护信息 (4) 能进行文字输入 (5) 能发布文字信息公告	(1) 交通量(流)知识 (2) 道路养护知识 (3) 计算机文字输入知识 (4) 操作计算机发送信息的知识 (5) 信息发布程序
	(四) 维护保养设备	(1) 能进行监控设备内部清洁和滤网及散热系统除尘 (2) 能进行设备常规检查，确保设备正常进行 (3) 能查杀计算机病毒 (4) 能更换保险管 (5) 能检查不间断电源(UPS)系统运行状态，并能进行日常维护	(1) 电工基础知识 (2) 清洁用品用具的功能和使用常识 (3) 常用软件的安装、升级、补丁、查杀病毒的知识 (4) 设备日常维护常识和操作规程 (5) 计算机硬件系统相关知识
三、交通量调查	(一) 采集数据	(1) 能辨别公路交通量调查中的车辆分类和分型 (2) 能使用交通量数据采集仪采集常规交通情况，调查原始数据 (3) 能填写交通情况调查的原始数据采集统计表	(1) 公路交通情况调查常用的名词术语 (2) 公路交通量调查、车速调查和四类公路交通量比重调查方法 (3) 交通量调查车辆分类、分型及折算系数 (4) 调查地点的公路路况资料 (5) 常用调查仪器的使用方法 (6) 现场操作安全常识
	(二) 整理数据	(1) 能整理及计算原始记录资料 (2) 能归档和上报交通量资料 (3) 能在相关人员指导下整理及分析历年路段平均交通量	(1) 原始数据采集、整理方法 (2) 路段平均交通量的计算方法
	(三) 维护保养设备	(1) 能清洁和保养常用调查仪器设备 (2) 能修理机械式交通量数据采集仪	(1) 常用调查仪器的保养常识

3.2 中级

职业技能	工作内容	技　能　要　求	相　关　知　识
一、公路收费	(一) 发放通行卡	(1) 能控制发卡差错率在万分之三以下 (2) 能处理发卡中遇到的停电、死机、读写卡机故障等非正常情况	(1) 发卡设备性能 (2) 车道收费设备维护使用
	(二) 收缴通行费	(1) 能纠正入口车辆的判型错误 (2) 能控制收费差错率在万分之三以下 (3) 能在 15 秒内完成单车收费 (4) 能使用便携式收费设备	(1) 所在地区路网情况 (2) 便携式收费设备使用方法
	(三) 结交票款	(1) 能在 25 秒内清点 100 张现钞 (2) 能拆分联网区域内不同路段的收费额	(1) 联网收费基本知识 (2) 联网收费费额拆分方法
	(四) 维护保养设备	(1) 能鉴别收费设备异常状态，并及时报修 (2) 能更换键盘、显示器、票据打印机等常用设备	(1) 车道收费设备正确使用与维护基本知识 (2) 打印机、读卡器、显示器等设备的连接方法
二、公路监控	(一) 监控收费	(1) 能操作计算机并进行数据处理 (2) 能操作视频切换矩阵 (3) 能浏览、检索违规车辆并抓拍图像	(1) 监控系统管理的各项规章制度 (2) 收费作业规程 (3) 视频切换技术 (4) 视频图片检索知识
	(二) 监控道路通行状况	(1) 能根据天气情况和通行情况提出交通控制建议 (2) 能操作图形监控软件 (3) 能调用和查阅车辆检测器检测的交通状况数据 (4) 能调用和查阅道路环境数据 (5) 能进行特殊情况告警处理	(1) 图形监控软件使用知识 (2) 车辆检测器使用知识 (3) 气象和环境检测器使用知识 (4) 可变情报板和限速等信息标志的使用知识
	(三) 采集与发布信息	(1) 能编写信息公告 (2) 能编辑图文信息 (3) 能发布图文信息公告	(1) 公告写作知识 (2) 文字处理软件应用知识 (3) 图像处理软件应用知识
	(四) 维护保养设备	(1) 会制作视频接头，能处理视频系统的简单故障并能更换故障设备 (2) 能完成收费、监控软件运行状态检查 (3) 能完成服务器系统的日常维护	(1) 视频监控系统设备的构成和性能特点 (2) 视频监控系统设备的安装方法 (3) 收费、监控系统软件的构成及正常运行状态 (4) 服务器系统的性能特点

职业技能	工作内容	技 能 要 求	相 关 知 识
三、交通量调查	（一）采集数据	(1) 能操作交通情况调查设备采集数据 (2) 能校核交通量调查设备的精度 (3) 能将原始数据录入交通量数据处理系统	(1) 常规交通情况调查、数据采集的基础知识 (2) 计算机文档、表格制作和打印操作等知识 (3) 计算机数据库管理及安全使用知识
	（二）整理数据	(1) 能用计算机进行数据汇总 (2) 能计算常规交通情况调查技术指标 (3) 能绘制常规交通量情况的图表 (4) 能分析观测站级的交通量情况	(1) 常规交通情况调查资料整理、汇总的知识 (2) 常规交通情况调查的各项技术指标计算方法 (3) 常规交通情况调查的图表绘制基本知识
	（三）维护保养设备	(1) 能对交通仪器进行维护和保养 (2) 能排查交通量调查设备的常见故障 (3) 能升级计算机系统和查杀病毒	(1) 公路交通情况调查设备仪器的一般工作原理 (2) 常用调查仪器的维护和保养知识 (3) 计算机安全使用与防护知识

3.3 高级

职业技能	工作内容	技 能 要 求	相 关 知 识
一、公路收费	（一）发放通行卡	(1) 能控制发卡差错率在万分之一以下 (2) 能指导初、中级人员使用通行卡	(1) 通行卡结构和工作原理 (2) 电子标签使用方法
	（二）收缴通行费	(1) 能在 10 秒内完成单车收费 (2) 能指导初、中级人员收费 (3) 能处理坏卡、无卡等特殊情况的收费 (4) 能安装、连接便携式收费设备 (5) 能控制收费差错率在万分之一以下 (6) 能分析、预测收费变化情况	(1) 收费业务综合知识 (2) 便携式收费设备连接方法 (3) 特殊情况处理预案 (4) 交通量统计分析知识
	（三）结交票款	(1) 能在 20 秒内清点 100 张现钞 (2) 能指导初、中级人员结交票据 (3) 能校核联网区域内不同路段的收费额拆分结果 (4) 能统计票卡的发放、回收结果	(1) 联网收费相关知识 (2) 票卡发放、回收统计方法

职业技能	工作内容	技 能 要 求	相 关 知 识
一、公路 收费	(四) 维护与保 养设备	(1) 能检查和维护平台软件 (2) 能检查和维护车道工控机 (3) 能维护打印机、读卡器、费额显示器 　　等设备 (4) 能维护 ETC 收费设备	(1) 平台软件使用知识 (2) 车道工控机工作原理 (3) 打印机、读卡器、费额显示 　　器等设备的维护和保养知识 (4) ETC 收费设备的工作原理
	(五) 收费稽查	(1) 能受理、调查收费工作中的投诉、举 　　报问题，查处违纪行为 (2) 能按规定治理倒卡、闯关等逃漏费 　　行为 (3) 能监督、监控收费等数据 (4) 能审验收费录像 (5) 能撰写稽查报告	(1) 稽查人员守则 (2) 稽查岗位职责 (3) 稽查工作程序 (4) 稽查处罚有关规定 (5) 稽查工作相关记录、表格、 　　报告填写及编制办法
二、公路 监控	(一) 监控收费	(1) 能统计收费及交通量数据 (2) 能进行数据备份 (3) 能纠正收费员的操作错误	(1) 统计基本知识 (2) 计算机数据存储办法 (3) 收费业务知识
	(二) 监控道路 通行状况	(1) 能分析交通流参数，判断道路通行 　　状况 (2) 能根据气象状况编写发布路况信息 (3) 能对交通事故等异常情况做出快速 　　响应，并及时采取相应措施	(1) 交通数量特性 (2) 气象基本知识 (3) 交通事件分析
	(三) 采集与发 布信息	(1) 能审查信息公告内容 (2) 能设计图文信息版面	(1) 信息公告编写规范 (2) 图文信息版面设计与制作 　　软件的使用方法
	(四) 诊断与排 除设备故 障	(1) 能检查外场设备的防震接地情况 (2) 能对外场设备进行防锈、防水处理 (3) 能诊断与排除通信接口和各终端的 　　一般故障 (4) 能手动调控解码器和调节摄像机 　　镜头 (5) 能连接光端设备	(1) 高速公路通信系统技术基 　　本知识 (2) 系统电(光)缆的路径、设备的 　　连接、通信方式及规程 (3) 收费站级监控设备故障诊 　　断与排除知识 (4) 应急电话、摄像头、传感 　　器、自动均衡器等设备的 　　设置原理 (5) 仪器设备接地防雷常识 (6) 光端设备使用方法

职业技能	工作内容	技 能 要 求	相 关 知 识
三、交通量调查	(一) 采集数据	(1) 能组织实施常规交通情况调查 (2) 能在指导下开展非常规交通情况调查 (3) 能根据调查目的确定交通量观测站(点)的设置位置 (4) 能开展与常规交通情况调查相关的公路路况和社会情况调查 (5) 能在现场调查出现非正常情况时采取应变措施	(1) 交通情况调查班组管理知识 (2) 交通量观测站(点)设置的相关要求 (3) 与常规交通情况调查相关的公路路况调查和社会调查的基本内容及方法 (4) 交通量调查非正常情况处置预案
	(二) 整理数据	(1) 能编制各类统计报表并通过计算机网络传输数据资料 (2) 能汇编交通情况调查资料 (3) 能综合分析历年的交通量资料 (4) 能管理交通情况调查资料档案	(1) 计算机交通情况调查数据处理软件应用知识 (2) 资料汇编的相关要求 (3) 计算机因特网应用基本知识 (4) 交通情况调查资料的档案管理知识
	(三) 维护保养设备	(1) 能在专业技术人员指导下安装并调试交通情况调查仪器 (2) 能维护交通情况调查仪器 (3) 能检查和完善交通情况调查仪器的安全防护措施	(1) 交通情况调查仪器的工作环境要求 (2) 交通情况调查仪器的安全防护要求
四、统计分析数据	(一) 统计分析收费数据	(1) 能使用数据库软件统计收费数据资料 (2) 能按规定整理和分析收费数据资料，制作有关报表	(1) 数据库管理软件应用知识 (2) 使用应用软件调取、统计、分析数据方法
	(二) 统计分析交通量数据	(1) 能从收费数据库中采集交通量信息 (2) 能计算年、月、日平均交通量 (3) 能绘制交通量分析曲线	(1) 车辆折算办法 (2) 交通量计算方法 (3) 数理统计基本知识
五、培训指导与技术应用研究	(一) 培训与指导	(1) 能在专业技术人员指导下指定专项培训方案 (2) 能讲解监控业务知识 (3) 能指导初、中、高级监控员的业务操作	(1) 培训方案的内容及规格要求 (2) 公路监控业务知识
	(二) 技术应用研究	(1) 能撰写科研报告 (2) 能参与技术应用研究 (3) 能使用行业新技术产品	(1) 论文撰写知识 (2) 技术应用研究工作知识 (3) 行业新技术和新成果信息

四、比重表

4.1 公路收费员考核比重表

4.1.1 理论知识

项　　目		初级(%)	中级(%)	高级(%)	技师(%)
基本要求	职业道德	5	5	5	5
	基本知识	35	20	10	15
相关知识	公路收费	20	30	20	—
	公路监控	20	25	30	—
	交通量调查	20	20	25	—
	诊断(检测)与排除设备故障	—	—	—	30
	统计分析数据	—	—	—	20
	培训与指导	—	—	10	20
	技术应用研究	—	—	—	10
合　　计		100	100	100	100

4.1.2 技能操作

项　　目		初级(%)	中级(%)	高级(%)	技师(%)
技能要求	公路收费	35	45	25	—
	公路监控	45	45	25	—
	交通量调查	20	10	20	—
	诊断(检测)与排除设备故障	—	—	20	20
	统计分析数据	—	—	10	30
	培训与指导	—	—	—	20
	技术应用研究				30
合　　计		100	100	100	100

参 考 文 献

[1]　周以德. 公路收费及监控员. 北京：人民交通出版社，2008.

[2]　段国钦. 高速公路机电系统运行与维护手册. 北京：人民交通出版社，2006.

[3]　张智勇，朱立伟. 高速公路机电系统新技术及应用. 北京：人民交通出版社，2008.

[4]　杨志伟，罗宇飞. 高速公路机电系统管理. 北京：机械工业出版社，2004.

[5]　湖南高速公路管理局，湖南高速公路机电新规划[S].

[6]　GXGS－GL－ZF10，收费站安全和环境管理制度[S].

[7]　赵祥模，靳引利，张洋. 高速公路监控系统理论及应用. 北京：电子工业出版社，2003.

[8]　陈启美，金凌，王从侠. 高速公路通信收费监控系统构成与进展. 北京：国防工业出版社，2006.